LA TÊTE HUMAINE

ETUDES ILLUSTRÉES DE PHRÉNOLOGIE ET DE PHYSIOGNOMONIE

Appliquées aux personnages célèbres, anciens et modernes

Par Charles ROUVIN

AUTEUR DES SOPHISMES SOCIAUX, DU MANUEL DU PENSEUR AU XIXe SIÈCLE, ETC.

Nosce te ipsum.
Res non verba.

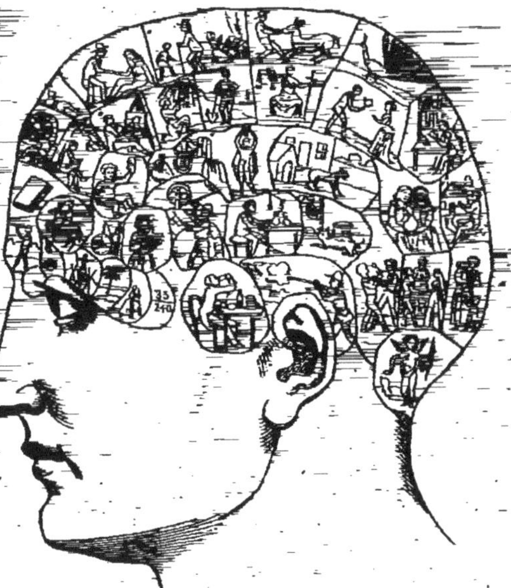

PARIS
IMPRIMERIE ET LIBRAIRIE JULES BOYER ET Cie.
11, RUE NEUVE SAINT AUGUSTIN, 11

LA TÊTE HUMAINE

ÉTUDES ILLUSTRÉES

DE PHRÉNOLOGIE ET DE PHYSIOGNOMONIE

LA TÊTE HUMAINE

ÉTUDES ILLUSTRÉES

DE PHRÉNOLOGIE ET DE PHYSIOGNOMONIE

Appliquées aux personnages célèbres, anciens et modernes

Par CHARLES ROUVIN

AUTEUR DES SOPHISMES SOCIAUX, DU MANUEL DU PENSEUR AU XIXe SIÈCLE, ETC

Nosce te ipsum.
Res non verba.

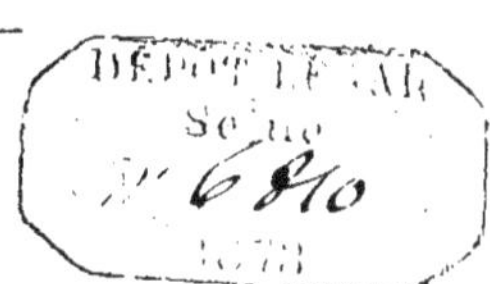

PARIS
IMPRIMERIE ET LIBRAIRIE JULES BOYER ET Cie
11, RUE NEUVE-SAINT-AUGUSTIN, 11

AVERTISSEMENT

L'auteur de ce livre est un adepte convaincu de la Phrénologie, science que presque tout le monde ignore et que nos Académies contestent, mais qui renferme beaucoup de vérité néanmoins.

Qu'on laisse la Phrénologie de côté quand on ne la connaît pas, rien de plus simple. C'est une autre affaire quand on s'y est converti après l'avoir étudiée et pratiquée; car elle est singulièrement attachante, étrangement révélatrice, et, à bien voir, elle constitue la plus solide, la plus large base, — si non la seule inébranblale, — de la philosophie humaine, de l'éducation et de la législation (1). Permis aux docteurs trop sûrs d'eux de la repousser, — comme ils repoussent le Magnétisme et l'Homæopathie. par exemple ; — mais il ne doit pas être défendu d'y croire et d'en parler d'après l'expérience, même dans un pays où la routine a tant de force que les modes, objet le plus universel du culte national, ne se succèdent, sous prétexte de nouveauté, qu'à la condition d'être toujours vieilles et ridicules.

Qu'est-ce donc que la Phrénologie, dira-t-on ? C'est une science qui, concluant de l'organisme aux fonctions, permet de lire presque couramment dans les âmes, d'en sonder

---

(1) *Naturâ ! quam te colimus inviti quoque* (Sénèque).

les replis, d'analyser et de préciser les dispositions naturelles de l'être intérieur, c'est-à-dire sa complexion, son tempérament, sa vocation, son caractère et sa portée. Clef de l'esprit humain, elle donne accès à ses lois.

En livrant à l'appréciation du public un abrégé de ses études phrénologiques et physionomiques, l'auteur a besoin d'aller au devant du reproche de partialité que lui attireront, il le prévoit, quelques uns des portraits de sa galerie. Etranger à tout parti, vivant en dehors de toute coterie, uniquement préoccupé d'observer avec soin et de définir avec justesse, il ne saurait être comptable envers l'opinion ni de la différence des points de vue, ni des divergences qu'elle produit. Il est encore moins responsable des préventions, préjugés, erreurs et contradictions qu'entraînent l'aveuglement des esprits, la diversité des passions, le faux savoir, et le manque de savoir qui n'est pas pire.

On parle beaucoup aujourd'hui de la nécessité de *régénérer la France*. La condition de cette régénération, qui suppose toute une éducation à faire ou à refaire, ne peut résider que dans l'enseignement physiologique et moral qui prescrit à l'homme de se connaître lui-même et qui lui en fournit les moyens. Cet enseignement, il n'y a que la Phrénologie qui le contienne.

Tous les portraits de cet ouvrage sont authentiques. Ils ont été dessinés par M. Adrien Nargeot, d'après les originaux qui existent soit au musée du Louvre, soit à la Bibliothèque Nationale.

Les gravures ont été faites expressément pour ce livre par MM. Bisson et Jacquet. Les contrefacteurs en seront poursuivis selon toute la rigueur des lois.

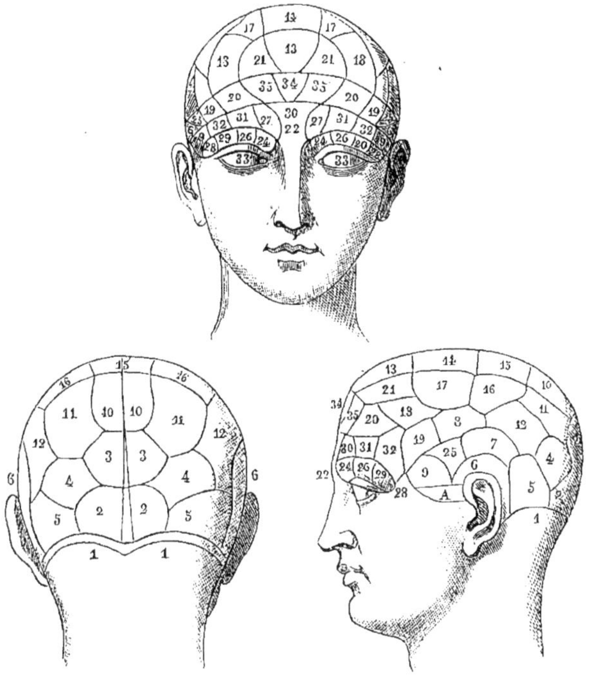

ORGANOGRAPHIE

Facultés affectives.

A — Alimentativité.
1. — Amativité.
2. — Philogéniture.
3. — Habitativité.
4. — Adhésivité.
5. — Combativité.
6. — Destructivité.
7. — Secrétivité.
8. — Acquisivité.
9. — Constructivité.
10. — Estime de soi.
11. — Approbativité.
12. — Circonspection.
13. — Bienveillance.
14. — Vénération.
15. — Fermeté.
16. — Justice.
17. — Espérance.
18. — Merveillosité.
19. — Idéalité
20. — Plaisanterie.
21. — Imitation.

Facultés intellectuelles.

Perceptives.

22. — Individualité.
23. — Configuration.
24. — Etendue.
25. — Equilibre.
26. — Coloris.
27. — Localité.
28. — Numérat ion.
29. — Ordre.
30. — Eventualité.
31. — Temps.
32. — Musique.
33. — Langage.

Réflectives.

34. — Comparaison.
35. — Causalité.

PREMIÈRE PARTIE

DE L'ÉTUDE DES TÊTES

« Il existe une *anatomie comparée* morale,
« comme une *anatomie comparée* physique.
« Pour l'âme aussi bien que pour le corps,
« un détail mène logiquement à l'ensemble.
« La pensée est comme la vapeur. Quoique
« vous fassiez, et quelque subtile qu'elle
« puisse être, il lui faut sa place, elle la
« prend, et reste même sur le visage d'un
« mort. »

(**Balzac**).

La science qui traite de l'organisation cérébrale des êtres, c'est-à-dire de leurs facultés mentales ou purement instinctives, se nomme la Phrénologie, mot dont l'étymologie grecque vient de *phrên*, esprit, et de *logos*, discours, traité; elle part de la physiologie et conduit à la psychologie, ou plutôt, elle les embrasse toutes deux.

Un auteur qui fut célèbre en son temps, et dont on s'est beaucoup moqué sans le lire, — ce qu'on fait volontiers chez nous, — le pénétrant et excellent Azaïs, a dit : « La psychologie « est l'ordre le plus important des erreurs qui tombent; la phré- « nologie est l'ordre le plus important des vérités qui s'élèvent.»

Le nombre des médecins qui se sont ralliés à la Phrénologie est considérable, aussi bien en France qu'à l'étranger. L'un

d'eux, le docteur La Corbière, a écrit : « La physiologie du cer-
« veau est bien réellement, à cette heure, l'une des doctrines
« certaines, naturelles, bienfaisantes, qui ont acquis le droit
« de cité dans la république des sciences, et qui ne sauraient
« en être bannies sans injustice et sans dommage pour la
« société. »

Je vais raconter simplement et sincèrement, comment je suis devenu phrénologiste.

C'est aux Etats-Unis, où cette doctrine compte le plus d'adeptes, que je commençai à m'en occuper en 1838. J'étais alors sceptique, ne connaissant du cerveau que ce qu'enseignait la *Physiologie* de Richerand. Quelques personnes m'ayant vanté la perspicacité d'un phrénologue qui faisait profession d'examiner les têtes et d'expliquer aux consultants leurs dispositions et leur vocation, j'allai me soumettre à son appréciation avec moins de curiosité que d'ironie défiante.

Le résultat de cette visite fut d'ébranler mon scepticisme. Après m'avoir palpé le crâne, ce praticien, le docteur Hernis, qui ne m'avait jamais vu et ne pouvait me connaître, précisa avec une étonnante sûreté de jugement mes goûts, mon caractère, mes aptitudes. L'analyse qu'il me donna de moi-même me frappa par sa justesse et sa profondeur.

Pensant toutefois que le hasard, qui fait les trois quarts au moins des succès de ce monde, avait pu ici venir en aide à la science du docteur, je résolus de le mettre à de nouvelles épreuves, et je conduisis successivement chez lui, non sans avoir préparé quelques piéges innocents, plusieurs de mes amis, de natures fort opposées. Chacune de ces expériences fit triompher la phrénologie et accrut la confiance qui, en moi comme en eux, avait cédé au doute. M'étant dès lors appliqué à l'étude des ouvrages anglais et américains qui ont exposé, rectifié et complété le système primitivement conçu par Gall et Spurzheim, je me convainquis de plus en plus de l'exactitude à laquelle l'ont amené de remarquables découvertes.

Cette conviction date déjà de plus de 35 ans, et a été encore confirmée par d'innombrables observations qui me sont propres ; aussi elle ne m'a pas permis, je l'avoue, de considérer comme fondées les objections que les principaux adversaires de la Phrénologie en France, MM. Flourens, Lélut, Leuret, Cérize, etc.

ont élevées contre elle. Elle a d'ailleurs, pour s'affirmer et s'imposer, des témoignages plus forts, plus irrécusables que les traités même de ses professeurs, Gall, Spurzheim. Broussais, Fossati, Vimont, Bessières, Félix Voisin, Béraud, Ch. Place, Dumoutier, La Corbière, Castle, etc., en France; Combe, Frédéric Bridges, Nicolas Morgan. etc., en Angleterre ; O. S. Fowler en Amérique. Elle a la certitude générale de ses principes et l'évidence lumineuse des applications qu'en font, *urbi et orbi*, tous ceux qui ont d'abord pris la peine de l'apprendre. — Mais ce n'est pas l'affaire d'un jour.

Le meilleur manuel où elle puisse être étudiée est l'important ouvrage de George Combe, l'éminent physiologiste et médecin écossais, ouvrage qui a pour titre *A System of Phrenology*, et dont il a paru en anglais de nombreuses éditions. Malheureusement il n'a été traduit en français que sur la première édition, fort incomplète, et à laquelle l'auteur ajouta successivement des développements considérables, peu connus ou ignorés chez nous. Toute la philosophie de la science est exposée dans ce livre remarquable avec une ampleur et une supériorité de vues que n'a égalées aucun autre auteur. Il est impossible, après l'avoir lu attentivement, après avoir vérifié l'enseignement qu'il donne, de ne pas devenir phrénologiste, à moins d'être imbu de certains préjugés d'école. Mais je dirai plus. Il est impossible de ne pas croire à la Phrénologie quand on s'est simplement rendu compte, par un examen continu, du rapport constant qui existe entre la conformation encéphalique, la conduite et les facultés des individus.

Quelle est donc la cause du discrédit dans lequel cette branche d'études, à peine née, est tombée en France, et de l'hostilité persistante qu'elle a rencontrée au sein de l'Académie de médecine et du corps médical, où l'on se fût attendu à la voir adoptée, sous bénéfice d'inventaire, avec empressement ? — Quelques détails rétrospectifs vont éclaircir ce phénomène.

A l'époque où Gall publia ses premiers travaux, Cuvier était la plus haute autorité scientifique de la France : il résumait en lui tout l'Institut, dont il était la sommité, et où l'empereur Napoléon Ier, — cet homme de génie antipathique aux idées neuves, y compris celle de Fulton, — le considérait à juste titre comme l'arbitre et le trait d'union des doctrines. Or, on sait qu'un rapport du grand anatomiste qui, à l'aide de quelques ossements, avait reconstruit le monde antédiluvien, condamna le système de Gall, par suite d'une divergence sur un point purement chirurgical (la section verticale du cerveau). L'esprit méthodique et absolu de Cuvier, prévenu contre les découvertes de l'inventeur de la Phrénologie par la manière dont celui-ci procédait à ses dissections, n'aperçut dans son système que les rêveries d'un novateur fourvoyé, et ne fit presque pas mention des expériences, déjà remarquables pourtant, acquises à la crâniologie. Leur réalité, leur portée furent mises en doute par cela même qu'on récusait la sûreté du procédé, et l'on agit à cet égard comme un homme qui nierait que sa porte ait pu être ouverte parce qu'il en aurait gardé la clef sur lui (1).

Cependant la Phrénologie n'est pas seulement la théorie nette et compréhensive de certaines particularités anatomiques : elle est avant tout l'explication de l'homme instinctif, intellectuel et moral. A quelque point de vue qu'on se place pour juger de ce qu'elle enseigne, qu'on y voie, avec les uns, une science à son début, et qui, comme toutes les sciences, a ses lacunes, ses tâtonnements, et disons-le, ses infranchissables bornes, — ou, avec les autres, une hérésie spécieuse, difficile à extirper, non seulement parce qu'elle est séduisante et compte déjà trop d'adhérents, mais encore parce qu'elle s'appuie sur une masse énorme d'observations positives, il est un fait qu'il faut reconnaître franchement. C'est que la Phrénologie a conquis dans les deux hémisphères une place qui s'est élargie constamment, et qu'on ne peut lui retirer, parce que si l'on s'est plu, dans un certain monde, à l'accuser d'erreur, on n'est pas parvenu à l'en convaincre. C'est qu'elle tient au contraire en échec et bat en brèche avec avantage la métaphysique scolastique et l'ensei-

(1) Cuvier n'en devint pas moins presque phrénologue plus tard, quand il n'y eut plus d'inconvénient à l'être. On lit, dans la vie du docteur Gall, que son illustre adversaire lui fit, peu de temps avant sa mort, l'envoi d'un crâne qui, disait-il, lui avait paru confirmer la doctrine qu'il avait d'abord rejetée. Mais il s'était passé bien des choses de 1808 à 1828. Les *idéologues* de l'Empire étaient devenus pairs de France !

gnement médical en ce qui concerne les fonctions du cerveau. C'est qu'elle a, presque en tout pays civilisé, son public, ses croyants, ses professeurs, ses sociétés, ses musées, ses livres, en sait plus long que ses adversaires, et pourra, dès qu'ils le voudront, le prouver individuellement à chacun d'eux.

C'est le côté merveilleux de ses appréciations qui lui-même a nui à la propagation de la doctrine de Gall en France. Pour ceux qui ne se rendent pas compte du degré de précision que comporte l'analyse phrénologique telle qu'elle peut être faite par un praticien exercé, la prétention qu'il annonce de juger d'un homme à première vue inspire un soupçon de charlatanisme. Des observateurs superficiels ne savent pas que le phrénologue se prononce d'après des bases d'examen au moins aussi certaines que celles qui servent à éclairer le diagnostic du médecin. La Pathologie, envisagée comme science, est assurément moins constituée que la Phrénologie. Les conseils que donne le médecin ont d'ailleurs plus de chance d'être acceptés et suivis en beaucoup de cas que ceux du phrénologue. Le premier est regardé par le malade comme un sauveur qui vient à son secours. Le second, mettant à découvert des plaies cachées, ou qu'on voudrait cacher, est repoussé par l'amour propre ou le respect humain comme un censeur qui se trompe, et dès lors importun, indiscret ou fâcheux. Il faut à ceux qui le consultent une dose peu commune de raison pour tirer profit de ses lumières. La superstition aveugle se fait volontiers *tirer les cartes*; la vanité ignorante se croit clairvoyante et on ne lui en remontre pas : elle prétend s'éclairer elle-même.

La Phrénologie toutefois renferme un système complet d'éducation, fondé sur la connaissance et le classement des aptitudes, sur l'adaptation nécessaire de chaque organisme à sa spécialité. S'il arrive souvent aux continuateurs de Gall de reconnaître dans un prêtre un guerrier, dans un magistrat un poëte, dans un employé un artiste, déclassés et dévoyés de leur vocation, par suite de l'oubli funeste où la société laisse les lois de la nature, ces interversions de rôles ou de fonctions prêtent plus à la réflexion qu'au sourire. C'est l'anarchie constatée au milieu des éléments d'un ordre supérieur. Le jour viendra sans doute où, confessant leurs aberrations et décidées à prévenir autant que possible les malheurs publics et particuliers qu'entraînent la lutte et la confusion dans l'ignorance, les nations chercheront une boussole pour revenir à la vérité, aux desseins providentiels, et la trouveront dans la Phrénologie. Alors cette science, si peu cultivée et si peu influente aujourd'hui, deviendra la première de toutes. C'est à elle seule, en effet, qu'il appartient de *remettre la pyramide sur sa base*, pour emprunter une parole célèbre.

Nous ne sommes ni utopique ni trop ambitieux en nous exprimant ainsi. Il y a deux manières très différentes d'établir et de faire régner l'ordre dans le monde : l'une est la coërcition, et l'autre la coordination. Celle-ci est le procédé définitif de la civilisation moderne; celle-là n'est que l'effort brutal d'une tyrannie qui tend à disparaître. Le retour à l'observance des lois physiologiques est la condition absolue du progrès et du bonheur de l'humanité, parce qu'il en est le plus grand besoin, le besoin primordial et éternel, nonobstant *les faux prophètes, les politiques autoritaires et les législateurs aveugles qui*, suivant la remarque de M. Émile de Girardin, *ont la prétention impie de défaire les lois naturelles pour refaire l'Humanité sous le nom de Société.*

Le cadre de ce livre est beaucoup trop restreint pour que l'on ait pu songer à y faire entrer un exposé complet des principes de la Phrénologie; c'est dans les ouvrages spéciaux qu'on a déjà indiqués, et surtout, on y insiste, dans le traité de George Combe (1), qu'il faut chercher ces principes et les développements didactiques nécessaire à leur enseignement. Avant de livrer au public, toutefois, la série d'appréciations que, guidé par l'étude des physionomies et des têtes, on s'est appliqué à faire ici des personnages célèbres, on croit devoir donner un aperçu sommaire des notions sur lesquelles la science

(1) Traité complet de Phrénologie, traduit de l'anglais par le Dr Lebeau, 2 forts volumes avec figures, 1844, (Germer-Baillère). Un ouvrage français plus facile à consulter, et dont on peut recommander l'étude à nos compatriotes, a paru en 1847, sous le titre de *Notions de Phrénologie*, par Julien Le Rousseau. On citera aussi avec éloge l'*Esquisse de la Phrénologie*, par le docteur Debout, et la *Phrénologie spiritualiste* du docteur Castle (Paris, 1862, Didier et Cie.)

phrénologique repose, des facultés qu'elle a reconnues et localisées, enfin des divers modes d'impulsion que celles-ci déterminent, selon le degré d'intensité où elles existent dans les individus.

AXIOMES PHRÉNOLOGIQUES

Le cerveau est le siége des facultés mentales, instinctives, affectives, perceptives, intellectuelles et morales.

Ces facultés sont innées dans leur germe, mais capables de s'étendre, de se perfectionner ou de s'atrophier en proportion de l'éducation qu'elles reçoivent ou qui leur manque.

La forme extérieure du crâne correspond d'autant plus étroitement à la conformation cérébrale que l'individu est doué de plus d'aptitudes ou d'aptitudes plus énergiques.

Chaque organe prédominant imprime au corps des habitudes et à la figure des expressions qui peuvent être considérées comme le langage naturel et universel de cet organe.

Ces quatre axiomes, qui renferment en abrégé presque toute la Phrénologie, ne sont susceptibles de contestation que pour des esprits auxquels l'observation ferait défaut. Rappelons néanmoins quelques lois et quelques autorités sur lesquels ces vérités fondamentales s'appuient.

Que nous pensions, que nous aimions, que nous soyons affectés de diverses manières par le cerveau, c'est ce qui n'est désormais nié par personne. L'intelligence, dans tous les êtres, est en rapport avec le volume et avec l'organisation de la masse encéphalique. Cette masse, centre du système nerveux, en est aussi la partie la plus sensible : un corps, un atome de substance toxique, un léger excès, la moindre indisposition, un bruit même suffisent pour en troubler les fonctions. Quant à l'innéité des facultés, il n'est pas permis d'en douter quand on a vu les enfants des mêmes père et mère manifester les inclinations les plus opposées, bien que soumis à la même éducation. Sur la conformité de modelé du crâne et du cerveau, il y a eu de nombreuses protestations en France; mais comment se fait-il que ce point ait été admis en Angleterre et dans d'autres pays, tels que l'Allemagne et les Etats-Unis, où l'anatomie et les dissections sont pratiquées tout autant que chez nous? Un des plus grands chirurgiens de l'Angleterre, Sir Charles Bell, a composé un traité d'anatomie où l'on lit : « Les os de la tête sont moulés sur la cervelle, et leur forme particulière dépend de la conformation de celle-ci. » Gordon, médecin célèbre, mais anti-phrénologiste, reconnaissait pourtant qu'il existe de l'analogie entre le contenant et le contenu de cet organe. Comment en serait-il autrement? La nature n'est pas dans l'usage de se donner des contradictions dans le même être et de lui faire, par exemple, une grande mâchoire pour porter de toutes petites dents. L'hydrocéphalie est une maladie et une exception. En France, Magendie a posé en principe, dans son ***Précis de Physiologie***, que le seul moyen d'évaluer le volume du cerveau dans une personne vivante est de mesurer son crâne, et Pinel, qui n'était pas plus favorable que Gordon à la nouvelle science, n'en a pas moins souscrit à l'exactitude de ce procédé. Une longue pratique de son art apprend d'ailleurs au phrénologue ce qu'il doit défalquer de la grosseur de la tête pour l'épaisseur des os, le relâchement des tissus, la vascularité, l'espace des sinus, etc.; il sait également, par le tempérament du sujet et par des indices spéciaux qui sont du ressort de la médecine, quelle est la *qualité* du cerveau, laquelle n'est pas moins à considérer que son volume.

La division du cerveau en 35 cases dont chacune est le siége d'une faculté distincte peut sembler artificielle et arbitraire au premier abord; mais, d'une part, la Phrénologie n'est pas arrivée d'emblée à cette supputation ou à cette constatation d'un nombre d'organes déterminé. Gall en avait primitivement compté beaucoup moins, et il n'y aurait rien d'impossible à ce que le chiffre adopté par Spurzheim et ses continuateurs fût augmenté par la suite, à mesure que la classification et la nomenclature des facultés pourront comporter de nouvelles divisions analytiques. D'un autre côté, il n'y a pas lieu de croire à une grande extension de l'effectif numérique des organes, qui déjà, dans l'état actuel de la science, paraît être démonstrativement fixé. Ce qui donne du poids à cette conjecture, c'est que la phrénologie et la philosophie se sont rencontrées et à peu près accordées dans la détermination des facultés primitives de l'homme (1). Au reste, il s'agit d'une controverse sur laquelle on a écrit des volumes et qu'il n'y aurait aucun intérêt à ranimer. Les lecteurs désireux d'avoir à ce sujet de plus amples renseignements qu'on n'en peut donner dans ce bref aperçu, feront bien de se reporter au chapitre du Traité de George Combe qui a pour titre : *Examen des objections contre la Phrénologie* (2). Toutes les questions qu'on effleure nécessairement ici sont traitées là *ex professo*, et les plus obstinés contradicteurs y trouveront réponse péremptoire à leurs doutes.

N'omettons pas néanmoins d'indiquer sommairement les raisons qui militent en faveur de la pluralité des organes de l'esprit humain, dont on n'attaque pas *l'unité* en soutenant que comme le corps, qui est *un* aussi, il est pourvu d'appareils spéciaux pour accomplir les diverses fonctions dont il est chargé. Si la pensée était indivisible, ou bien en d'autres termes, si le cerveau tout entier entrait en action dans chacun de ses modes d'être affecté, comment expliquer l'inégalité des aptitudes dans une même personne, la monomanie, la paralysie partielle, l'affaiblissement, avec l'âge, de certaines puissances de l'esprit tandis que d'autres se fortifient? Comment expliquer que les lésions de l'organe pensant se traduisent par des désordres mentaux différents selon la région blessée? Mais ne nous arrêtons pas à réfuter des erreurs passées; l'existence de la pluralité des organes cérébraux a été mise en lumière, tout à fait en dehors de la phrénologie, par Haller, Bonnet, Sœmmering,

---

(1) Voir ce que dit à ce sujet M. Adolphe Garnier dans son livre intitulé : *Psychologie et Phrénologie comparées*.

(2) *Objections to Phrenology considered*, page 584 de la 3e édition américaine. Voir aussi l'ouvrage remarquable, déjà cité, du Dr Castle : *Phrénologie spiritualiste*, chap. VI, page 123. (Méthode pour distinguer les facultés primitives des facultés dérivées.)

Cuvier, Pinel, Fodéré, Charles Bell, et par toute l'école physiologique à leur suite. Desmoulins, dans son *Anatomie du système nerveux des animaux vertébrés*, a avancé que le nombre et les perfections des facultés intellectuelles, non seulement dans les individus d'une même espèce, mais dans la série des espèces, sont relatifs à l'étendue des surfaces cérébrales, et qu'à son tour l'étendue de ces surfaces est en raison du nombre et de la profondeur des circonvolutions. Longet, qui rappelle cette observation dans son *Traité de physiologie*, ajoute : « Dans l'espèce humaine, la profondeur des anfractuosités (de « l'encéphale) est infiniment variable chez les différents indi« vidus; c'est là un fait que nous avons vérifié sur bien des « cerveaux, en choisissant toujours, pour établir nos mesures, « des anfractuosités qui étaient constantes, et qui d'ailleurs se « correspondaient. Il en résulte qu'à volume égal, deux cer« veaux peuvent présenter des surfaces bien différentes en « étendue; or, si l'on veut admettre, avec Desmoulins, qu'ici « l'étendue des surfaces a de l'influence sur l'intensité de la « force fonctionnelle, serait-il défendu de faire servir de pa« reilles différences anatomiques à l'explication des différences « individuelles qu'offre le développement intellectuel? (1) ».

Nous irons plus loin que le savant professeur qui, après avoir hasardé cette question, croit devoir prendre quelques réserves contre le profit qu'en pourrait tirer la crânioscopie. Raisonnant par induction et par analogie, nous appuyant, en outre, de l'expérience, nous reconnaîtrons que des circonvolutions distinctes décèlent nécessairement des fonctions distinctes aussi, et peuvent être considérées comme autant d'organes ou de groupes spéciaux, qu'il n'appartenait qu'à la Phrénologie de découvrir, de systématiser, et dont elle a, en effet, constitué aussi complétement que possible, mais non du premier coup et sans probabilité de modifications nouvelles, la science de l'entendement humain.

---

(1) Longet. *Traité de Physiologie*, tome II. *Propriétés et fonctions du système nerveux*, page 250.

ÉCHELLE DE CONFORMATION DES TÊTES

D'après le Journal de Phrénologie américain

PUBLIÉ A NEW-YORK, PAR S. R. WELLS

1. — Tête d'idiot ou de crétin.

2. — Tête d'imbécile ignorant.

3. — Tête de sauvage. Esprit inculte

4. — Tête de civilisé. Intelligence cultivée.

5. — Tête de lettré, de savant, intelligence très distinguée.

6. — Tête de patriarche, de pontife, d'inspiré, de grand organisateur : le plus haut degré d'expansion des facultés mentales.

NOMENCLATURE ET CLASSIFICATION

des organes ou facultés (1).

Les facultés mentales peuvent être divisées en deux classes bien distinctes, à savoir :

1° Les instincts ou impulsions primitives, dans l'action desquels l'intelligence n'intervient pas ou intervient secondairement ;

2° Les facultés intellectuelles, sources de connaissance et de réflexion.

Les sentiments ne sont autre chose, par rapport aux instincts, que des impulsions d'un ordre plus élevé et plus compréhensif, mais également primitives.

La planche page 7, où la place de chacun des 35 organes généralement reconnus est indiquée par le chiffre qui leur appartient dans la nomenclature, montre que les instincts personnels, ou passions, ont pour siége les parties postérieure et latérale du cerveau, tandis que les instincts moraux, ou sentiments, en occupent la partie supérieure, et les facultés intellectuelles et perceptives la partie antérieure ou frontale.

Conformément aux principes adoptés par l'école anglaise et américaine dans le classement des organes, nous grouperons

---

(1) L'auteur reproduit ici la nomenclature et l'énumération adoptée par les écoles de Phrénologie anglaise et américaine; mais le relevé, page 53, emprunté à l'ouvrage du savant Dr Bessières, permettra de comparer ces données avec les principes qui lui sont particuliers.

comme il suit les diverses catégories de facultés, dont nous donnerons ensuite l'explication détaillée d'après cette même école et notre expérience personnelle.

1° Instincts.

Facultés qui sont la base de la société.

1. Amativité (1) ou amour physique.
2. Philogéniture ou amour des enfants, de la famille.
3. Habitativité ou amour du pays, du chez soi.
4. Adhésivité, attachement, amitié.

Facultés servant à la conservation individuelle.

5. Combativité, défensivité, instinct de la lutte.
6. Destructivité, disposition à détruire, à renverser, à surmonter.
7. Secrétivité, dissimulation, ruse.
8. Acquisivité, instinct d'appropriation et de conservation.
9. Constructivité, sens architectural, mécanique.
10. Estime de soi, indépendance, orgueil.
11. Approbativité, vanité.
12. Circonspection, prudence, retenue.

A. Alimentativité (2), gourmandise, ivrognerie.

Facultés morales

13. Bienveillance, charité.
14. Vénération, religion, prière.
15. Fermeté, persistance, obstination.
16. Conscience, justice.

---

(1) Nous sommes forcé de nous servir du vocabulaire consacré par l'usage pour la désignation des organes, mais nous avouons qu'il n'a jamais été de notre goût, et qu'au lieu d'*Amativité*, nous aimerions mieux qu'on eût dit : *sens de l'amour physique*, etc.

(2) Cet organe ne porte pas de numéro, parce qu'il n'est pas compris dans la nomenclature primitive, celle de Gall et de Spurzheim.

17. Espérance, projets, confiance dans l'avenir.
18. Merveillosité, crédulité, superstition.

Instincts de perfectionnement s'appliquant à la fois aux sentiments, aux idées et aux choses.

19. Idéalité, sens poétique. — Cet instinct mériterait, selon nous, d'être classé au rang des Facultés intellectuelles, d'autant plus qu'il est particulier à l'homme.
20. Plaisanterie, moquerie, gaieté.
21. Imitation, mimique.

2° Facultés intellectuelles.

Organes de perception.

22. Individualité, sens de l'observation.
23. Configuration, dessin,
24. Etendue, mesurage, aptitude géométrique
25. Equilibre, tactilité, adresse manuelle.
26. Couleurs, peinture.
27. Localité, mémoire des lieux.
28. Nombres, sens de l'arithmétique.
29. Ordre, soin, rangement.
30. Eventualité, éducabilité, mémoire des événements, goût de l'histoire.
31. Temps, mesure, rhythme.
32. Tons, musique.

Organe d'expression orale.

33. Langage, loquacité.

Organes de réflexion.

34. Comparaison, esprit d'analyse.
35. Causalité, esprit de synthèse.

Après avoir fait le dénombrement et donné la meilleure classification possible des facultés primitives, en indiquant d'une manière générale la position des organes telle qu'elle apparaît sur une tête type, c'est-à-dire développée en tous sens (1), il reste à présenter l'analyse du mode de fonction de ces diverses facultés. Ce sera l'objet du chapitre suivant.

NATURE ET INTENSITÉ DES IMPULSIONS

DÉTERMINÉES PAR CHAQUE FACULTÉ.

La nature des impulsions est relative au caractère de chaque faculté, mais leur intensité dépend à la fois de son volume, du tempérament, de l'âge et de la santé de l'individu. Considérant abstractivement les divers organes les uns après les autres, on va dévoiler les aspirations qu'ils produisent à chaque degré de développement.

1. Amativité.

Fonction primitive. Amour physique. Instinct de la reproduction. Lien des deux moitiés du genre humain. C'est à cet instinct qu'est dû la perpétuité des espèces.

Faible. Disposition à la continence. Pas ou peu de besoins sexuels. Indifférence au sexe opposé. L'une des bases alors de la vocation religieuse, chez les femmes surtout.

---

(1) C'est une erreur de croire que les organes ne se traduisent que par des proéminences. Il n'y a pas de protubérances dans les têtes les mieux faites, qui ont de toutes les facultés suffisamment. Les protubérances accompagnent toujours des dépressions; mais elles révèlent des aptitudes spéciales, plus grandes que dans la tête d'un galbe harmonieux.

Forte. Porte de bonne heure à l'amour et au mariage, sans exclure la fidélité.

Très forte. Tourne au libertinage ; inspire des passions trop précoces et désordonnées ; produit les habitudes vicieuses, la séduction, l'adultère, l'inceste, etc.

2. Philogéniture.

Fonction primitive. Amour des enfants et des petits.

Faible. Indifférence à la progéniture. On ne s'intéresse pas à l'enfance ni aux jeunes animaux, aux êtres inférieurs ; on n'a point d'égards pour eux, si même on ne les repousse.

Forte. Dévouement maternel et paternel. On ne peut voir souffrir les enfants ni les êtres faibles ; on les recueille, on les gâte, on s'y attache tendrement. Amour de la famille.

Très forte. Indulgence excessive pour les enfants ; on se subordonne à eux ; on ne peut supporter la seule idée de leur absence ou de leur perte. Incapacité absolue de diriger leur éducation, faute de soumettre l'attachement à la raison.

3. Habitativité.

Fonction primitive. Attachement au pays, à ce qui vous entoure. Désir de ne pas s'en éloigner. Préférence pour une localité déterminée.

Faible. Tout lieu vous est indifférent. On quitte sa patrie sans regret, on voyage sans s'attacher ni se fixer. Caractère cosmopolite.

Forte. On ne saurait vivre hors du sol natal ni loin de l'endroit où l'on a été élevé. Aversion pour les voyages. Patriotisme et nostalgie.

Très forte. Haine pour tout ce qui est étranger. Patriote jusqu'à l'absurdité et l'exclusivisme. Obstination aveugle dans ce qui tient aux coutumes du pays. On se plaît à répéter : *Perfide Albion* et autres lieux communs du Chauvinisme.

4. Adhésivité.

Fonction primitive. Attachement aux personnes. Amitié et sociabilité.

Faible. Eloignement du monde. On ne se lie pas facilement : on a peu de connaissances et d'amis. On évite l'intrusion d'autrui.

Forte. Partialité et passion dans l'affection. Besoin constant de ceux qui en sont l'objet. Camaraderie. Compagnonnage. Esprit de coterie et de cabale.

Très forte. On se lie avec tout le monde. On se confie au premier venu. Amitiés banales dont le nombre exclut le choix et la profondeur. Familiarité et indiscrétion. Promiscuité.

5. Combativité.

Fonction primitive. Instinct de défense qui ne s'applique pas seulement à la personne, mais encore à sa propriété, à ses opinions et à tout ce qui la touche.

Faible. Disposition à la lâcheté. Pacifique et pusillanime, on cède plutôt que de lutter ; on redoute l'opposition.

Forte. Courage, résolution, énergie, irritabilité. On aime la polémique et les disputes. On est toujours en opposition avec autrui. Caractère processif et querelleur. Inimitiés.

Très forte. Amour de la rixe et des combats. Mépris du danger. Brave jusqu'à la témérité. Agressif et emporté, on voudrait tout décider par la force. Fait les premiers soldats du monde et de médiocres citoyens.

6. Destructivité.

Fonction primitive. Instinct de la chasse ; disposition à détruire ce qui nuit ; besoin de triompher des obstacles par la violence.

Faible. Placidité, mollesse, incapacité de réaction. On ne peut voir les autres en colère. On supporte patiemment les contrariétés. Horreur des mauvais traitements. Impossibilité de tuer les animaux, etc.

Forte. Emportement. Dureté. Violence. Disposition à lacérer, briser. Manières brusques. Brutalité.

Très forte. Inclination à la vengeance, à la cruauté, au meurtre.

7. Secrétivité.

Fonction primitive. Dispose à cacher et à retenir les manifestations de toutes les facultés. C'est, pour ainsi dire, la sourdine du cerveau.

Faible. Caractère ouvert et sans détours. N'emploie pas la ruse et ne la devine pas dans autrui. Trop de sincérité. Exposé à être dupe, mais n'en fait point.

Forte. Dissimulation. Soupçon. Stratagèmes. Mauvaise foi. Amour de l'intrigue et recherche des complications savantes. Affectation. Comédie dans le but de tromper. Charlatanisme.

Très forte. Mensonge pour règle. Hypocrisie pour forme. Trahison. Scélératesse.

8. Acquisivité.

Fonction primitive. Désir de posséder. Instinct de la propriété et de la richesse, relatif au point de départ.

Faible. Inattention à la valeur des choses. On dépense sans compter. On oublie, on néglige de mettre de côté pour l'avenir.

Forte. Poursuite de la fortune, économie, frugalité, calcul, soin de conservation.

Très forte. Besoin excessif d'appropriation. Convoitise. Avarice. Culte des successions. Détournement. Vol.

9. Constructivité.

Fonction primitive. Instinct mécanique. Aptitude à bâtir et à construire toute sorte d'objets.

Faible. Gaucherie, maladresse, inhabileté à se servir des instruments et outils. Eloignement pour les travaux industriels et les arts graphiques.

Forte. Dextérité manuelle, habileté d'exécution nécessaire à l'écrivain, à l'architecte, à l'ingénieur, au sculpteur, au peintre, etc.

Très forte. Goût des constructions poussé à l'excès. Manie d'inventer des appareils ou des machines dont le besoin ne se fait pas sentir. Mouvement perpétuel. Hommes volans, ballons, etc.

10. Estime de soi.

Fonction primitive. Respect de soi-même. Sentiment d'honneur inné. Besoin de s'appartenir avant tout. Civisme.

Faible. Défiance de soi-même. Crainte de se montrer inférieur. Pas de dignité naturelle. Caractère peu sûr, capable de se compromettre.

Forte. Beaucoup de sûreté et de dignité personnelles. Ne recule pas devant la responsabilité de ses actes. Initiative et décision.

Très forte. Orgueil. Hauteur. Arrogance. Dogmatisme. Doctrinarisme. Besoin de dominer.

11. Approbativité.

Fonction primitive. Besoin de l'approbation d'autrui. Disposition à tout rapporter à l'opinion plutôt qu'à la conscience. — Cet organe est très-commun en France ; il l'est moins en Angleterre et aux États-Unis ainsi qu'en Allemagne.

Faible. On ne tient pas à plaire ni a être considéré. Manque d'affabilité, de politesse, de savoir-vivre. On choque les autres sans s'en apercevoir.

Forte. Susceptibilité. Aime à paraître. Recherche les éloges et ne supporte pas le blâme. Suit la mode et l'usage. Coquetterie. Affectation.

Très forte. Envie et jalousie. Très-sensible aux prévenances, aux distinctions, aux décorations, aux titres, etc. Requêtes indiscrètes. Usurpation. Simulation.

Cette impulsion exagère les sentimens aristocratiques dans une monarchie, et le sentiment démocratique dans une République.

PRÉDOMINANCE DES INSTINCTS
SUR LES FACULTÉS MORALES ET INTELLECTUELLES
SAUVAGE DE LA NOUVELLE-ZÉLANDE

PRÉDOMINANCE DES FACULTÉS MORALES ET INTELLECTUELLES

SUR LES INSTINCTS.

1er Type.

M. GEORGE PEABODY

Le célèbre philantrope américain, le bienfaiteur des classes ouvrières aux États-Unis et en Angleterre.

La bonté s'épanouit dans ce front et sur cette figure.

12. Circonspection.

Fonction primitive. Prudence. Hésitation. Instinct du danger.

Faible. Imprévoyance et hardiesse inconsidérée. Étourderie et légèreté. Ne se défie jamais de rien.

Forte. Prend des précautionss, n'agit qu'après réflexion, étudie le terrain, hasarde peu, ne s'expose pas.

Très forte. Hésitation. Appréhension. Irrésolution. Inquiétudes. Craintes imaginaires. Abattement. Hypocondrie. Un des mobiles du suicide.

13. Bienveillance.

Fonction primitive. Désir de voir les autres heureux. Humanité, bonté, charité, bienfaisance, douceur.

Faible. Égoïsme. Indifférence aux souffrances d'autrui. Misanthropie. Malveillance. On se réjouit tout bas des tribulations de ses ennemis.

Forte. Générosité, hospitalité, empressement à secourir, bienveillance universelle. *Le cœur sur la main.*

Très forte. Prodigalité relative. Indulgence excessive. Intérêt témoigné sans raison. Services rendus à des indignes. On se laisse exploiter et parfois même ruiner.

14. Vénération.

Fonction primitive. Déférence, respect et soumission envers qui de droit. Sens religieux. Aspiration à la concorde, à l'unité.

Faible. Manque de subordination, d'égards. Affranchissement de la discipline et des convenances. Suffisance. Impolitesse, impertinence, rébellion.

Forte. Dévouement aux devoirs et aux personnes aimées. Culte rendu à toutes les supériorités reconnues, à toutes les grandeurs, à l'art, à la science, à la Divinité. Humilité. Abnégation.

Très forte. Idolâtrie. Superstition. Prosternation devant l'autorité. Servilisme. Avec la *Merveillosité*, Bigotisme, Mysticisme, Piétisme, etc. Avec les instincts physiques développés, Fanatisme, Propagandisme et Persécution. Le grand développement de la *vénération* n'était pas rare chez les Inquisiteurs. On le remarque également dans la tête du duc d'Albe et dans celle de Malebranche, — deux exagérés chacun dans leur genre. Cet organe s'allie à celui du *merveilleux* dans les mystiques et les superstitieux.

15. Fermeté.

Fonction primitive. Fixité de volonté. Stabilité. Constance. Persévérance. Opiniâtreté.

Faible. On a de la peine à se décider. On est aisément dé-

PRÉDOMINANCE DES FACULTÉS MORALES ET INTELLECTUELLES

2e Type.

M. VIENNET, DE L'ACADÉMIE FRANÇAISE,

Le vrai honnête homme de lettres.

Le dernier des classiques. Il cultivait la tragédie et la fable avec amour.

Il eut à la fois beaucoup d'esprit et de simplicité, fut dédaigneux des grandeurs et fidèle à toutes ses convictions.

tourné de ses desseins. On s'abandonne aux événements. Irrésolu et changeant, on ne saurait mériter confiance.

Forte. Détermination inflexible. Ténacité et absolutisme.

Très forte. Entêtement absurde, infatuation et lutte vaine contre l'évidence.

16. Conscience.

Fonction primitive. Distinction du bien et du mal. Principe de la moralité. Appréciation de la légitimité des actes.

Faible. Pas ou peu de sens moral. On ne tient compte ni de la justice, ni de la vérité, ni du devoir. On ne consulte que ses penchants.

Forte. Probité, honneur, délicatesse, scrupules. Sacrifice de l'intérêt personnel à l'équité et au devoir.

Très forte. Austérité et sévérité. Puritanisme. Conscience timorée. Remords.

17. Espérance.

Fonction primitive. Anticipation de l'avenir. Prédisposition à vivre au futur, à compter sur le succès et le bonheur.

Faible. Caractère défiant, peu entreprenant, facile à décourager. Désespoir. Suicide.

Forte. Gaieté, légèreté d'esprit, on voit tout en beau. Le présent ne compte pas ; on s'attend à des merveilles, à des surprises, etc.

Très forte. Jeu. Spéculation. Hardiesse extrême dans les entreprises. Projets insensés. Chimères. Visions d'avenir. Crédulité. Foi ardente et inaltérable, quand elle est associée à l'organe du *Merveilleux*.

18. Merveillosité.

Impulsion primitive. Amour du merveilleux, de l'extraordinaire, du nouveau, des spectacles, des scènes grandioses.

Faible. Incrédulité, scepticisme. On ne se laisse pas aisément persuader ce qui n'est pas susceptible de démonstration.

Forte. Besoin d'aller au-delà de ce qui est, d'exagérer. Tendance à croire à l'imaginaire, à l'impossible. Foi aux apparitions, aux esprits, au surnaturel. Spiritisme. Démonologie. Illuminisme. Produit les visions et les visionnaires.

Très forte. Adepte des sciences occultes, de la magie, etc. On voit partout des révélations, des miracles. On est en quête d'émotions excessives ; on méconnait le simple, l'ordinaire et le rationnel. Inclination à l'extravagance en toutes choses, et principalement dans la toilette et les goûts chez les femmes.

19. Idéalité.

Impulsion primitive. Instinct du beau, du perfectionnement, du progrès, recherche de la poésie dans l'art et dans la nature.

Faible. Manque de goût et de délicatesse. Absence d'imagination. Esprit terre-à-terre, apte à se contenter de jouissances grossières ; n'ayant aucun raffinement, aucune aspiration élevée. Nie la poésie ou ne la comprend pas.

Forte. Esprit poétique et inventif. Recherche de la forme et de l'expression. Besoin d'améliorer, de polir et de policer.

PRÉDOMINANCE DES FACULTÉS MORALES ET INTELLECTUELLES.

3e type.

LE R. P. HENRI DOMINIQUE LACORDAIRE, EN 1841.

Portrait offrant le développement simultané des facultés morales et intellectuelles, et notamment des organes de la vénération, de l'espérance, de la conscience, de la fermeté, du langage, etc. Tête d'apôtre, c'est-à-dire de prêtre et d'orateur hors ligne.

Mobile de haute civilisation. Principe du talent littéraire et du goût en toutes choses. Fait les grands poëtes, uni aux facultés intellectuelles et perceptives largement développées.

Très forte. Eloignement du positif. On ne se plaît que dans la rêverie, la fantaisie, les chimères. On néglige le réel pour l'idéal. Mépris des devoirs professionnels. Enthousiasme à faux ou dédain sans raison. Dégoûté de tout et propre à rien.

20. Plaisanterie. Esprit de répartie.

Bien que cet organe soit classé par quelques phrénologistes au rang des facultés intellectuelles, il semble appartenir plutôt à la série des instincts moraux, parmi lesquels Georges Combe l'a compté, avec raison, selon nous, puisque la disposition à tourner tout en ridicule constitue un genre d'humeur, une propension du caractère, et non un mode rationnel de concevoir ou d'expliquer les choses. Au reste, ce détail de classification n'affecte en rien la réalité ni les fonctions de l'organe.

Impulsion primitive. Perception intuitive des dissemblances, des contrastes, des oppositions superficielles, et aptitude à en tirer parti pour faire des plaisanteries, des railleries ou des mots.

Faible. Point d'esprit de saillie. Eloignement pour le persiflage et les jeux de mots. Pas de brillant dans la conversation ni dans le style.

Forte. Tendance irrésistible à se moquer, à ne rien prendre au sérieux, causticité, originalité mordante, ironie.

Très forte. Manie de faire de l'esprit, des calembourgs, des espiègleries. Farceur insupportable. Loustic.

Cette faculté ne donne d'éclat qu'aux organes de la réflexion,

PRÉDOMINANCE DES FACULTÉS MORALES ET INTELLECTUELLES

4e type.

ALPHONSE KARR.

Portrait offrant le développement simultané des organes de l'intelligence, de l'idéalité, de l'esprit de saillie et de l'ensemble des facultés perceptives. Tête d'humoriste et homme d'esprit à la façon de Swift, de Sterne ; en somme, l'un de nos écrivains les plus originaux et de ceux qui, en leur temps, ont mis le plus d'idées spirituelles et de bonnes plaisanteries en circulation dans le domaine de la littérature.

dont elle est très-distincte. On peut être, avec elle, Voltaire ou Paillasse.

21. Imitation.

Impulsion primitive. Inclination à copier, à imiter les autres dans ce qu'ils disent et ce qu'ils font.

Faible. Excentricité, incapacité d'agir et de parler comme tout le monde. Inaptitude à reproduire servilement.

Forte. On s'assimile tout ce qu'on voit, on contrefait les gens et les œuvres. On manque d'originalité.

Très forte. Talent d'acteur ; pouvoir de simuler, d'affecter, de feindre, d'abuser les gens. Instinct de la bouffonnerie et de la caricature. Gesticulation, mimique. Avec défaut de *conscience* produit le contrefacteur et le faussaire.

22. Individualité.

Fonction primitive. Prendre connaissance de chacun des objets qui nous entourent. Perception des phénomènes et des corps dans leur ensemble.

Faible. Manque d'observation. Ne remarque rien. Se rappelle mal les choses et les personnes. Fait confusion.

Forte. Besoin de tout voir. Inclination à aller constater par soi-même. Excellente mémoire visuelle. On aperçoit du premier coup d'œil. Avec la *causalité*, aptitude à la chimie pour décomposer, chercher le radical, l'unité première.

Très forte. Grande curiosité. Badauderie. Indiscrétion. Espionnage.

23. Configuration.

Fonction primitive. Sens de la forme, du dessin.

Faible. Inaptitude aux arts graphiques. Manque de symétrie et de goût des formes. On ne distingue pas bien le beau du laid.

Forte. Vocation d'artiste. Excellente mémoire des figures, des contours ; talent de les reproduire de quelque manière que ce soit. Elégance en tout. Belle écriture.

Très forte. Grand dessinateur. Fécondité d'invention et de reproduction des formes. Organe très prononcé chez les peintres, chez Gustave Doré, Gavarni, etc.

24. Etendue.

Fonction primitive. Perception des distances, des intervalles, des dimensions, des rapports d'espace.

Faible. Incapacité de se rendre compte de ces mêmes rapports.

Forte. Aptitude à juger des proportions, hauteur, largeur, épaisseur ; à découvrir où elles sont en défaut. Sens géométrique.

Très forte. On est toujours à mesurer, à toiser, à calculer et à comparer les grandeurs. Vocation astronomique. Organe saillant dans Newton, dans Kepler, Arago, M. Leverrier, etc.

25. Équilibre.

Fonction primitive. Perception des lois de la gravitation, de la pesanteur. Tactilité.

Faible. Impropre à l'étude de la dynamique et de la statique. Manque du sens de l'équilibre. Maladresse. On casse souvent ce qu'on manie.

Forte. Aptitude à la mécanique. Calcule habilement la résistance des corps, l'intensité des forces. Adresse dans tous les exercices, danse, équitation, escrime, patinage, gymnastique, habileté manuelle quelle que soit la profession, mais souvent sans talent graphique, celui-ci, comme on l'a vu plus haut, dépendant de la *Configuration*.

26. Couleurs.

Fonction primitive. Perception des nuances et des couleurs. Habileté à les marier, à se les rappeler.

Faible. Discerne mal les teintes ou n'y fait pas attention. Aime les couleurs voyantes et s'en affuble sans comprendre leur opposition.

Forte. Talent inné pour la peinture, la décoration.

Très forte. Grand coloriste. Organe relativement faible chez Ingres, très marqué chez Delacroix.

PRÉDOMINANCE DES FACULTÉS MORALES ET INTELLECTUELLES.

5e type.

INGRES, de l'Institut.

Portrait offert comme type du développement des facultés perceptives qui constituent le peintre et le dessinateur. (Forme, construction, étendue, observation, ordre, harmonie, etc.).

27. Localités.

Fonction primitive. Perception et mémoire des lieux, de la situation relative des endroits, des emplacements.

Faible. Ne sait pas s'orienter. Ne se rappelle pas où il passe. Perd son chemin,

Forte. Grande mémoire locale. Sens géographique. Amour des voyages et des paysages. Organe indispensable aux guides, aux pionniers, etc.

Très forte. Vocation nautique quand l'*habitativité* fait défaut. Instinct des découvertes. Ne tient pas en place.

28. Nombres.

Fonction primitive. Calcul des nombres.

Faible. Acomplit difficilement les plus simples opérations de l'arithmétique.

Forte. Aptitude aux mathématiques, à l'algèbre, etc. Mémoire des chiffres.

Très forte. Calcule de tête sans avoir appris. Résout comme par intuition les problèmes les plus compliqués. Voir les portraits de Laplace et de Mondeux (bien entendu sans comparaison à d'autres égards).

29. Ordre.

Fonction primitive. Besoin d'arranger, de voir tout à sa place.

Faible. N'a pas l'idée de mettre les choses où elles doivent être. Ne range rien : manque de soin ; négligence ; désordre.

Forte. Précis, exact, soigneux, méthodique, organisateur.

Très forte. Compassé, minutieux, vétilleux jusqu'à la manie. (Chérubini mourant comptait *l'ordre* de ses mouchoirs et disait : « Vous ne m'avez pas donné le n° 4. »)

30. Éventualité.

Fonction primitive. Connaissance des événements, des particularités, des circonstances. Mémoire des faits.

Faible. Indifférence à ce qui se passe. Oubli du passé. Distraction.

Forte. Aptitude pour l'histoire. Se rappelle tous les incidents.

Très forte. Anecdotier. Nouvelliste. Conteur puéril, ne fait pas grâce d'un détail. A l'affût des *faits divers.* Cet organe très développé exclut la réflexion.

31. Temps.

Fonction primitive. Perception de la durée, de la mesure, du rhythme, de l'heure.

Faible. Oublie les dates. Laisse passer le temps. Manque les rendez-vous. Défaut de ponctualité. Ne joue pas en mesure. Ne marche pas au pas.

Forte. Préoccupation du temps, des dates. Goût prononcé

pour la musique fortement rhytmée. Bat la mesure sans nécessité.

Très forte. Amour des pendules, de l'horlogerie. On tire sa montre à chaque instant, on la règle, on voudrait tout régler.

32. Tons.

Fonction primitive. Perception des sons, de la mélodie.

Faible. Insensible à la musique. Ne peut apprendre un air. Chante faux.

Forte. Justesse d'oreille. Mémoire des airs. Talent musical.

Très forte. Aptitude pour la composition. Types Beethoven, Meyerbeer, Mozart, Rossini, etc.

Ce n'est pas l'harmonie, effet de science, mais bien la mélodie, effet d'inspiration, qui fait le plus grand charme de la musique.

33. Langage.

Fonction primitive. Faculté d'expression orale. Aptitude à traduire la pensée par des mots.

Faible. Difficulté de s'exprimer, d'apprendre par cœur. Laconisme.

Forte. Bonne mémoire verbale. Facilité d'élocution. Style abondant. Aptitude à apprendre les langues étrangères.

Très forte. Loquacité, prolixité, verbiage, bavardage, comérage, rabâchage. Avec de hautes facultés intellectuelles et l'idéalité, éloquence entrainante. Exemples : Lamartine, Berryer, Lacordaire, etc.

34. Comparaison.

Fonction primitive. Perception des analogies, des rapports des idées et des choses.

Faible. Ne saisit point la relation ; ne compare point ; croit voir des ressemblances où il n'y en a pas; manque de jugement, de discernement.

Forte. Talent de critique et d'analyse. Esprit judicieux, sagace ; n'écrit et ne dit rien qui n'ait sa valeur.

Très forte. Abus des métaphores. Esprit sentencieux, dogmatique.

35. Causalité.

Fonction primitive. Perception des causes. Explication des effets.

Faible. Manque de raisonnement, de dialectique de profondeur. Ne tient pas à comprendre au juste.

Forte. Originalité et vigueur de conception. Esprit logique, systématique, qui ne se paie pas de mots. Veut tout pénétrer.

Très forte. Aptitude métaphysique. Grand penseur. Haute perspicacité, pourvu que la comparaison et les facultés perceptives soient bien développées; autrement ergotisme, arguties, subtilités, sophismes.

PRÉDOMINANCE DES FACULTÉS RÉFLECTIVES

6e type.

Le comte DE CAVOUR, ministre de la Couronne d'Italie
Tête de grand organisateur et d'homme d'État.

DE LA PRATIQUE DE LA PHRÉNOLOGIE

Le grand nombre de détails et de particularités qu'embrasse l'examen d'une tête, non-seulement en raison de la multiplicité des organes, mais encore et surtout par suite des combinaisons, des nuances et des réactions à l'infini que produisent les différentes facultés à des degrés divers de développement, font de la Phrénologie pratique une science des plus compliquées. Il n'est donné d'y exceller qu'à bien peu d'adeptes, mais ceux-là acquièrent à la longue une sûreté de coup d'œil, une rapidité de tact et une pénétration étonnantes. En général, l'habile phrénologue est doublé d'un médecin et d'un psychologue, c'est-à-dire d'un physiologiste et d'un philosophe. Nul ne paraît avoir réuni ces conditions à un plus haut degré que le docteur Fowler, de New-York, renommé pour ses expériences dans toute l'Amérique du Nord, et à qui l'auteur de cet écrit a dû ses premiers enseignements. En France, les docteurs Vimont, Fossati, traducteur de Combe, Félix Voisin, Dumoutier et Castle, entre autres, se sont distingués autant par l'expérimentation que par leurs leçons et leurs ouvrages. On ne citera que pour mémoire Broussais, enlevé trop tôt à la propagande du système de Gall, qu'il a contribué à vulgariser et que sa puissante individualité et son talent eussent peut-être sauvé d'un discrédit aveugle.

Un nom moins connu, mais qui doit être mentionné ici au même titre, est celui de M. Pierre Béraud, auteur d'un excellent traité de Phrénologie publié en 1848 (1), et dont un

(1) *De la Phrénologie humaine, appliquée à la philosophie et aux mœurs.* 1 volume in-8°. Voir aussi les œuvres du docteur Félix Voisin, médecin en chef des Aliénés de Bicêtre : *De l'Homme animal,* 1 vol., 1839 ; *Analyse de l'entendement humain,* 1 vol., 1858 ; et *Nouvelle loi morale et religieuse de l'humanité, analyse des sentiments moraux,* 1 vol., 1862. Cet ouvrage, écrit parfois d'un style incorrect et déclamatoire, n'en renferme pas moins de grandes vérités.

littérateur artiste, fort positif, peu suspect de crédulité, d'exaltation et d'enthousiasme à faux, puisqu'il est l'un des chefs de l'école dite *réaliste*, qui s'inspire surtout de l'observation, a parlé dans les termes suivants :

« Je suis peu porté au merveilleux ; aussi peut-on me croire « quand j'affirme quelque fait extraordinaire. Après avoir lu un « grand nombre de livres pour et contre la Phrénologie, sans « pouvoir en tirer autre chose que des négations et des affir- « mations inutiles, je suis allé voir M. le docteur Pierre Béraud, « directeur du journal la *Phrénologie* (1). Je ne crois pas avoir « été aussi ému de ma vie. Après l'inspection de ma tête, « M. Béraud s'étant recueilli quelques minutes, m'a tenu « courbé sous des vérités d'une intimité telle, que je ne croyais « pas qu'un autre que moi pût descendre dans cet escalier inté- « rieur où sont assis, côte à côte, les qualités et les défauts. « Ceux qui font des phrénologistes des hommes dont la puis- « sance d'observation est due à l'étude de la physionomie, se « trompent. Un physiognomoniste serait incapable de donner « une définition aussi intime d'un homme que M. Pierre Bé- « raud le fait. Combien d'hommes ne se connaissent, n'osent se « connaître, qui pourraient, à la suite d'une telle consultation, « tenter de réagir contre leurs penchants et s'efforcer de culti- « ver des qualités dont ils ont le germe, d'étouffer des instincts « mauvais par un attentif examen de leurs actions ! »

Il faut bien le remarquer, en effet, le spiritualisme et la liberté de l'âme ne rencontrent point dans le phrénologiste un ennemi, mais un auxiliaire. C'est ce que le célèbre philosophe écossais Dugald Stewart a parfaitement exprimé dans les lignes suivantes, à propos de la science nouvelle dont nous nous occupons :

« Les faits seront toujours ce qu'ils ont été, mais nous connaî- « trons enfin les rapports entre le physique et le moral. Dans la « pluralité des organes, un centre de passion et d'action devient « nécessaire pour expliquer les phénomènes de la pensée ; les

---

(1) M. Champfleury écrivait ceci dans sa *Revue*, en 1856. Depuis lors, la *Revue* et le journal qu'elle citait ont cessé de paraître.

« instincts, les penchants, les inclinations ne seront pas diffé-
« rents de ce qu'ils ont été ; seulement leur cause sera reconnue
« organique, et permettra de les développer ou d'arrêter leur
« énergie par l'éducation. Loin donc de porter à des conclusions
« fatalistes, la Phrénologie donne à l'homme un moyen d'exer-
« cer plus utilement sa liberté au profit de la morale et du per-
« fectionnement de sa nature. »

Nous ne saurions mieux clore cette introduction à l'étude de la science qui nous occupe qu'en ajoutant aux paroles qui précèdent une réflexion émise par le docteur Castle, dans l'ouvrage dont nous avons déjà loué la portée et l'esprit (1) :
« Pour traverser la vie, en étant utile à soi et aux autres, tout
« en restant scrupuleusement fidèle à la justice et à l'honneur,
« il faut une philosophie qui explique l'homme à la fois en ac-
« tion et en principe, — qui ne lui permette pas moins de com-
« prendre les autres que de se comprendre lui-même. Je crois
« que la conquête d'un pareil instrument de discipline person-
« nelle et de sociabilité est la plus belle récompense qui puisse
« couronner nos efforts dans le domaine de la psychologie. »

(1) *Phrénologie spiritualiste*, chapitre : *Application de la théorie.* — En Angleterre et aux États-Unis, il existe toute une bibliothèque de livres consacrés à l'étude des applications de la Phrénologie à l'Éducation. Citons seulement parmi les principaux auteurs qui ont écrit sur ce sujet : Spurzheim, George et Andrew Combe, Robert Cox, O. S. Fowler, le Révérend G. S. Weaver, Horace Greeley, etc., etc. Ces ouvrages ne sont pas connus en France.

CLASSIFICATION ANATOMIQUE ET PHILOSOPHIQUE

DES

FACULTÉS CÉRÉBRALES DE L'HOMME

ET DE LEURS MANIFESTATIONS

proposée par le Dr BESSIÈRES

L'homme, comme être organisé, est soumis à des BESOINS, qui sont satisfaits par sept Facultés qui servent à la conservation de l'individu et constituent les instincts individuels proprement dits :

- ALIMENTIVITÉ.
- ACQUISIVITÉ.
- DESTRUCTIVITÉ.
- COURAGE.
- SÉCRÉTIVITÉ.
- CONSTRUCTIVIVÉ.
- CIRCONSPECTION.

Les organes de ces facultés sont tous situés sur les parties latérales de la tête, au pourtour et au-dessus des oreilles, dans la région temporale. Ils sont fournis par les paquets fibreux latéraux nés des pédoncules antérieurs du cerveau.

Ils sont communs aux animaux et à l'homme.

La manifestation extérieure de ces facultés constitue, dans l'humanité plus spécialement, L'INDUSTRIE.

L'homme, comme membre d'une espèce vivante, éprouve des SYMPATHIES, divisées en :

1° Amour ou Amativité.

Faculté qui sert à la reproduction de l'espèce et constitue l'instinct de reproduction proprement dit.

L'organe de cette faculté est situé à la partie postérieure et inférieure de la tête, au-dessous de la crête occipitale, au-dessus de la nuque. Il est constitué par le cervelet tout entier.

2° Sentiments,

Divisés en :

1° Cinq Facultés qui servent à la conservation des espèces et constituent les instincts de sociabilité :

Philogéniture.
Habitativité.
Affectionivité.
Amour de l'Approbation.
Estime de soi.

Les organes de ces facultés sont situés à la partie postérieure et supérieure de la tête au-dessus de la crête occipitale et de l'amativité. Ils sont fournis par les paquets fibreux nés des pédoncules postérieurs du cerveau.

Ils sont communs aux animaux et à l'homme.

2° Six Facultés de moralité (Facultés supérieures de l'homme.)

Bienveillance.
Vénération.
Persévérance.
Merveillosité.
Espérance.
Justice.

Les organes de ces facultés sont situés à la partie supérieure de la tête, et occupent toute la région sincipitale. Ils sont fournis par les paquets fibreux verticaux nés des pédoncules antérieurs du cerveau.

Ils sont exclusivement propres à l'homme.

La manifestation extérieure de ces facultés constitue LES BEAUX-ARTS.

L'homme, comme individu ou comme espèce, placé au milieu de la nature, doit connaître au-dehors de lui ; il acquiert ses CONNAISSANCES à l'aide de facultés qui fournissent un certain ordre d'idées.

Ces facultés intellectuelles proprement dites sont divisées en :

1° Huit Facultés intellectuelles sensitives qui sont toutes d'application et de spécialité.

Quatre s'exerçant par la vue :

CONFIGURATION.
LOCALITÉ.
COLORIS.
ORDRE.

Une par l'ouïe :

TONS OU MÉLODIE.

Trois par le toucher :

PESANTEUR ET RÉSISTANCE.
ÉTENDUE.
CALCUL.

Les organes de ces facultés sont situés à la partie inférieure du front, au pourtour et au-dessus des orbites de l'œil. Ils sont fournis par les paquets fibreux horizontaux inférieurs nés des pédoncules antérieurs du cerveau, et remplissent la région frontale inférieure.

2° Six Facultés intellectuelles, perceptives, ou d'observation :

Individualité.
Esprit d'observation.
Temps.
Esprit de saillie.
Esprit d'imitation.
Idéalité.

3° Deux Facultés intellectuelles de réflexion, ou Facultés philosophiques :

Comparaison.
Causalité.

Les organes de ces facultés sont situés à la partie supérieure du front. Ils sont fournis par les paquets fibreux horizontaux supérieurs, nés des pédoncules antérieurs du cerveau, et remplissent la région frontale supérieure.

4° Une Faculté intellectuelle d'expression :

Langage.

L'organe de cette faculté est quelquefois double et même triple, c'est à dire qu'il se trouve fourni par deux ou trois paquets fibreux nés de la partie inférieure des pédoncules antérieurs du cerveau, qui viennent former leur renflement à la partie postérieure et supérieure de l'orbite, derrière les organes du coloris et de l'ordre.

La plupart de ces facultés sont communes aux animaux et à l'homme, mais n'existent qu'à l'état incomplet chez les premiers.

La manifestation extérieure de ces facultés constitue, dans l'humanité, LES SCIENCES.

OBSERVATIONS PHRÉNOLOGIQUES

D'APRÈS LA CLASSIFICATION ET LA MÉTHODE COMPARATIVE

du Docteur BESSIÈRES

Il est nécessaire, pour les observations phrénologiques, de diviser la tête en trois grandes régions :

I. *La région frontale,* qui comprend tous les organes servant à nos facultés intellectuelles, et que l'on subdivise :

1° En région frontale inférieure, comprenant plus spécialement les facultés de spécialité ou d'application ;

2° Région frontale moyenne, pour les facultés d'observation ;

3° Région frontale supérieure, pour les facultés de réflexion, de raisonnement.

II. *La région temporale ou latérale,* qui comprend tous les organes servant aux facultés de conservation de l'individu, que nous nommons facultés industrielles.

III. *La région postérieure et supérieure,* qui comprend tous les organes servant à nos facultés sympathiques, et qui se subdivise en trois parties :

1° La région sincipitale, qui correspond à nos facultés de moralité ;

2° La région occipitale supérieure, qui comprend toutes les

facultés de conservation des espèces, et les facultés de sociabilité proprement dites ;

3° La région occipitale inférieure, qui comprend la faculté de reproduction, de génération des espèces : faculté sympathique d'amour sexuel.

En suivant les divisions que nous venons d'établir, voici ce que l'on peut observer à la première inspection d'une tête :

Si la région frontale est très développée, on peut dire, en général, que l'individu est très intelligent ; si c'est plus spécialement la partie inférieure du front, c'est une intelligence de spécialité ; si c'est la partie moyenne, intelligence d'observation ; si c'est la partie supérieure, intelligence de réflexion, métaphysique, poésie, etc.

Si la région temporale est très développée, que l'on remarque un assez grand évasement de la tête au pourtour et au-dessus des oreilles, on peut conclure que l'individu saura très bien pourvoir à sa conservation et à son bien-être, et s'occuper de lui-même ; qu'il sera industriel.

Si la région postérieure et supérieure, est très développée, on aura, en général, un homme passionné, porté aux affections, et d'une facile attraction.

Si c'est la partie sincipitale qui prédomine, on aura un homme juste, moral, bienveillant ; si c'est la partie occipitale supérieure, un homme d'amitié et de sympathie faciles, mais en général susceptible et enclin à l'amour-propre ; si c'est la partie occipitale inférieure, un homme très-porté à l'amour sexuel.

Si ensuite on veut faire une observation plus complète, il faut comparer les diverses régions entre elles ; ainsi :

La région frontale, *à l'état normal*, c'est à dire les facultés intellectuelles s'exerçant d'une manière régulière et complète,

Combinée avec :

1° La région temporale 2° La région sincipitale 3° La région occipitale	Développées également, produit :

Un homme éminemment *intelligent* et *industriel*. Quand la partie inférieure du front prédomine sur la supérieure, on a un *industriel d'application, de spécialité ;* dans le cas contraire, un *industriel spéculatif.*

Si, dans les facultés sympathiques, ce sont celles de sociabilité qui prédominent sur les facultés de moralité proprement dites, on a un homme en général passionné, vif dans ses amitiés, susceptible d'être bon époux, bon père, bon concitoyen, mais peu capable d'une grande action morale. Si c'est le contraire, on a un homme capable des plus grands sacrifices, du plus noble dévouement, un homme à mission morale, un apôtre, etc. Dans le premier cas il y a bonté passive, dans le second, bonté active.

La région temporale La région sincipitale La région occipitale	Peu développées, avec le front bien conformé, produisent :

1° Les hommes *intelligents peu industriels*, peu soucieux de leur bien-être matériel, etc. Si les parties inférieures du front prédominent sur les supérieures, on a les spécialités d'application, par exemple un musicien exécutant : dans le cas contraire, le musicien compositeur, un spéculatif, etc. ;

2° Les hommes *intellectuels égoïstes*, caractères malheureusement trop peu rares ;

3° Les hommes *intellectuels non passionnés*, doués souvent d'un tempérament lymphatique ; caractères susceptibles en général d'une longue application dans les sciences et d'un grand tact dans le monde.

La région frontale, peu développée, c'est-à-dire les facultés intellectuelles étant moindres qu'à l'état normal.

Combinée avec :

1° La région temporale	Développées normalement, produit :
2° La région sincipitale	
3° La région occipitale	

Des résultats assez différents, suivant les facultés industrielles qui prédominent. Si c'est l'*acquisivité*, on a un *avare*, un *ladre ;* si le sinciput est aplati, on a l'*usurier ;* si c'est la *circonspection* qui domine, on a un fourbe ; si c'est le *courage*, un téméraire ; si c'est le *courage et l'acquisivité*, un voleur ; si c'est l'*acquisivité, le courage et la destructivité*, un brigand, etc., etc. Si le sinciput, au contraire, est développé, ce genre d'organisation donne le travailleur peu intelligent, le manœuvre loyal, économe, etc.

Généralement les *caractères débonnaires* dans tous les genres ont la région sincipitale la plus développée. Ainsi quand la *bienveillance* prédomine, on a un homme *dupe* de sa bonté ; si c'est la *vénération*, un dévot ; la *vénération* et la *merveillosité*, un fanatique religieux ; si c'est la *justice*, on aura un homme scrupuleux, etc.

On rencontre, au contraire, des hommes que rien n'arrête dans l'assouvissement de leurs appétits brutaux, quand le sinciput est très peu développé et entouré d'organes latéraux et postérieurs très massifs. L'ouvrage du Dr Voisin intitulé : *De l'homme animal* (déjà cité page 47) renferme de très curieux détails sur le mode d'activité et les excès des instincts communs aux hommes et aux bêtes. On ne peut que renvoyer à ce livre le lecteur curieux d'en savoir plus long sur ce chapitre.

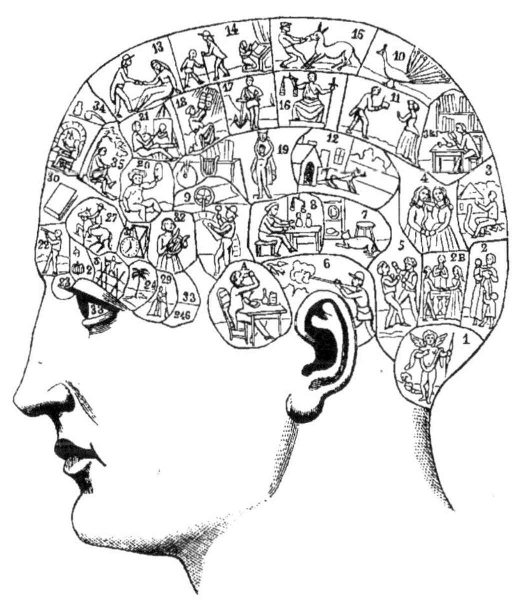

TÊTE SYMBOLIQUE

EXPLICATION

DES

FIGURES DE LA TÊTE SYMBOLIQUE

Organes.

N°s 1. L'amour physique, représenté par *Cupidon*.

2. L'amour de la famille : une mère entourée de ses enfants.

2 *bis*. Instinct conjugal : un mariage.

3. L'amour du pays, du chez soi : un homme revoit sa maison avec bonheur.

3 *bis*. Instinct sédentaire : un homme s'applique à l'étude ou à la lecture.

4. L'amitié : deux jeunes filles se tiennent par la main.

5. Instinct de la lutte : deux jeunes garçons se donnent des coups.

6. Instinct de la destruction : un homme à la chasse; il tire sur le gibier.

7. La ruse. Un chat guette une souris.

8. Instinct de la propriété : un avare compte son or.

9. Sens de la mécanique : un ouvrier monte une machine.

10. Orgueil : un paon fait la roue.

11. Vanité : salutation cérémonieuse.

12. Circonspection : un chien de garde.

A. Amour de la table : un homme, attablé, boit et mange.

13. Charité : un homme porte secours à une femme tombée.

14. Vénération : un enfant s'humilie devant son maître : une femme en prière.

15. Persistance, obstination : un âne indocile.

16. Conscience : la statue de la Justice; elle tient ses balances à plateaux équilibrés.

17. Espérance : la navigation, représentée par une femme appuyée sur une ancre, au bord de la mer.

18. Tendance au merveilleux : Moïse reçoit les tables de la loi.

19. Idéalité, représentée par Apollon, dieu de la poésie et des beaux-arts.

20. Sens de la gaieté : un enfant agite le masque de la folie.

21. Imitation : un homme fait un portrait... ressemblant.

22. Individualité, observation : un jeune garçon regarde avec une lunette d'approche.

23. Sens et mémoire des formes.

24. Sens de l'étendue : le désert, représenté par un palmier.

25. Sens de l'équilibre et de la pesanteur : un danseur de corde; le gland et la citrouille.

26. Sens des couleurs.
27. Sens des localités : un voyageur à cheval.
28. Sens des nombres, des chiffres.
29. Sens de l'ordre : une ménagère range son buffet.
30. Mémoire historique : un livre.
31. Sens de la mesure du temps : une montre.
32. Sens musical : une femme joue de la lyre.
33. Sens du langage : globe de l'œil projeté en avant.
34. Esprit de comparaison et d'analyse : un alambic.
35. Esprit de synthèse : un homme plongé dans ses réflexions.

Le dessin qui précède, et qui n'avait jamais été publié en France, reproduit avec quelques modifications celui qui figure en tête du *Journal de Phrénologie* de New-York. Il est donné ici surtout à titre de curiosité phrénologique; car, au point de vue de la proportion relative et de la localisation des organes, il ne pourrait aucunement remplacer les têtes moulées de grandeur naturelle dont on a besoin de se servir pour apprendre et pour enseigner la Phrénologie.

DES PRINCIPALES PARTIES DU VISAGE

LE FRONT

C'est une erreur fort commune, parmi les personnes étrangères à la Phrénologie, de supposer l'intelligence en rapport avec la grandeur du front. En réalité les aptitudes qu'accuse la conformation de cette partie antérieure du cerveau ne peuvent, aussi bien que les autres, être sainement appréciées sans une connaissance très approfondie de la science dont nous nous occupons et une longue expérience de l'application de ses préceptes. En effet, on ne doit pas envisager le front séparément, sans tenir compte de la relation de son volume avec celui du reste de la tête, sans savoir faire la part des apophyses, qu'il est facile de confondre avec les organes, sans juger de certaines particularités de la constitution et du tempérament de l'individu. Un phrénologue exercé peut seul se permettre de décider à première vue de la portée intellectuelle ou des dispositions caractéristiques du sujet qu'il a sous les yeux. Les profanes ne doivent jamais oublier l'axiome :

La critique est aisée, et l'art est difficile.

L'éminent physiologiste George Combe a remarqué qu'une des objections le plus fréquemment opposées à la vérité de la doctrine phrénologique, consiste à dire que beaucoup de personnes dont le front est fuyant sont néanmoins très-spirituelles. Il y a lieu de s'entendre à ce sujet. D'abord le front peut paraître déprimé en arrière, non parce que les organes de l'intelligence proprement dite sont peu développés, mais parce que ceux de l'observation et de la mémoire le sont davantage, de sorte que les premiers doivent l'apparence de leur infériorité à une conformation qui, loin de leur nuire, leur fournit, au contraire, les plus précieux auxiliaires. On citera comme exemples ou types de ce genre de tête Montesquieu, Buffon, Volney, Louis XVIII, Guizot, Michel Chevalier, Théophile Gautier, et un grand nombre de savans et d'écrivains célèbres en France et à l'étranger. La saillie des facultés perceptives au-dessus des yeux est toujours une condition de talent, quand l'intelligence (*causalité* et *comparaison*) n'est pas en défaut.

Des têtes dans lesquelles les organes de la réflexion surplombent ceux de la perception n'appartiennent qu'à des métaphysiciens exposés à conduire et perdre leur philosophie dans des nuages.

Un des signes de l'hydrocéphalie est l'ampleur exagérée des os frontal et coronal, qui n'enveloppent alors qu'une cervelle trop liquide.

Le front, de même que l'ensemble du cerveau, se modifie jusqu'à l'époque de la maturité; mais jamais autant que dans l'enfance, où on le voit se condenser, s'étendre, s'élever presque à vue d'œil.

En Amérique, quand les jeunes gens sont arrivés à l'âge de prendre un état, on a soin de les mettre en rapport avec un phrénologue expert, qu'ils consultent au sujet de leur vocation. Une précaution semblable éviterait, en France et ailleurs, de fatales méprises aux parents et aux adolescents, exposés à se fourvoyer souvent avec trop de légèreté ou d'entêtement dans le choix d'une carrière qui ne devrait être embrassée qu'à bon escient, et conformément aux dispositions naturelles les plus certaines.

LE NEZ

« Plus je vis, » écrivait Horace Vernet dans ses lettres de Russie, « plus je suis convaincu que le nez est l'organe le plus « important de notre machine humaine. » L'habile peintre était un grand observateur. Le nez est, en effet, un signe physiologique et physionomique de la plus haute portée : il est le résumé du cerveau, dont il forme le prolongement et l'efflorescence. Grave, circonflexe ou aigu, il accentue la face et décide, pour ainsi dire, de sa signification. Un phrénologue expert reconnaît dans le nez tout l'abrégé de la tête quant au caractère général.

Petit, sans consistance ou difforme, ce trait annonce un développement incomplet de l'encéphale, un manque de résistance et d'harmonie dans le système, un défaut de cohésion dans la matière cérébrale.

Osseux et mince, le nez est le plus souvent aquilin et dénote l'ambition, la fierté, le sentiment aristocratique et l'égoïsme.

Long, compact et recourbé, il décèle un esprit dominateur et indomptable, une personnalité turbulente, absorbante, excessive, et qui n'abdique jamais. C'est le nez des inquisiteurs et des tyrans, c'est aussi celui des révolutionnaires et des chefs de parti, de ceux qui, dans les émeutes, jouent le rôle principal.

Les portraits des principaux membres de la sanglante *Commune* de Paris en 1871 montrent Flourens, Delescluze, Raoul Rigault, Tony Moilin, Assi, Pindy, etc., pourvus d'un organe nasal énorme. Le nez de Napoléon III était monstrueux.

Epais et droit, avec les narines renflées, le nez laisse deviner une sensibilité très-vive, toujours en éveil, beaucoup de flair et d'impressionabilité en même temps que de simplicité et de droiture.

Les jugements qui précèdent reposent sur des bases certaines et que l'on va brièvement analyser.

Le propre des contraires en tout est de s'exclure mutuellement. La perfection d'un organe, dans l'homme civilisé, est ordinairement acquise aux dépens d'un autre. Ceci est vrai surtout de l'appareil nerveux par rapport à l'appareil musculaire, et des fluides opposés aux solides dans l'économie de notre charpente. En prodiguant, par exemple, la vitalité au cerveau, la nature laisse les autres parties de l'organisme dans une atonie relative. Les nerfs de la cinquième paire contractent en ce cas une motilité qui va se traduire dans les contours du nez et de la bouche, et qui est cause qu'on voit souvent faire certaines grimaces aux savants, aux lettrés, aux gens d'esprit, presque tous prédestinés à quelque tic. Le nez, principalement, en communication directe avec les fibres du cerveau, obéit à leurs pulsations et se modèle, s'allonge ou s'épanouit suivant les impressions intimes. L'émission du fluide nerveux, selon qu'elle est continue, régulière, abondante, intermittente ou rare, façonne, aidée de la circulation sanguine, le relief de ce promontoire facial. Dans les individus d'un sang pauvre, d'un naturel comprimé ou vicieux, son galbe irrégulier correspond à des lacunes ou à des déviations du sens moral. Droit chez les honnêtes gens, le nez s'arrondit chez les épicuriens, s'effile chez les fourbes, se courbe chez les ambitieux, et s'ébahit chez les frivoles et les niais. C'est à ces titres qu'avec les sourcils, dont l'arcade est le siége des facultés perceptives, le nez sert de *cicerone* aux phrénologistes dans l'investigation des ténébreux conduits de la pensée et des instincts.

Le nombre considérable de nez camus et avortés qu'on remarque parmi les femmes dégradées serait à lui seul un enseignement. Un grand nez ne se rencontre point uni à un petit caractère, et l'induction peut en conclure avec justesse que les traits les plus délicats, les moins prononcés, sont les plus trompeurs.

Le nez est comme le bec de la figure : il comporte dans l'homme les mêmes analogies que dans l'oiseau. Le serin, frivole, docile à l'esclavage, a le bec petit ; le moineau, qui n'est pas plus gros, l'a beaucoup plus fort et se montre énergique, hostile à ses ennemis, rebelle à la captivité. Le perroquet, volontaire, suffisant, égoïste, destructeur, bavard assommant, est pourvu d'un rostre formidable, recourbé en casse-noisette. Les palmipèdes, l'oie, le canard, ont le bec plat et inoffensif comme eux-mêmes. Enfin le volatile qui a le plus féroce caractère de tous a aussi le bec le plus acéré : c'est l'aigle, symbole de la conquête et de la domination.

Parmi les nez droits et charnus, significatifs d'une sensibilité vive, d'un caractère indépendant et d'une lumineuse intelligence, on peut ranger Saint-Louis, Luther, Shakespeare, Milton, Erasme, Thomas Morus, Pierre Bayle, Pierre Corneille, La Bruyère, Massillon, Franklin, Vauvenargues, Bernardin de Saint-Pierre, le général Foy, Arago, l'austère avocat et homme d'État républicain Marie, Lamennais, Cousin, Villemain, Manin, Théophile Gautier, Babinet, etc., etc. Quant aux nez aquilins, apanage de la race latine, ils sont communs chez les guerriers et rares chez les gens de lettres. Ceux-ci sont des Grecs anciens, les autres des Romains modernes.

Sous le titre *Notes on Noses*, il a paru en Angleterre, il y a plusieurs années, un livre anonyme, entièrement consacré à la monographie des Nez, et dont l'auteur n'a pas fait moins preuve de science et de pénétration que de verve humoristique. Cet ouvrage curieux n'a pas été traduit en français, bien qu'il méritât de l'être. Pour une nation artiste, et, dès lors, largement douée d'observation, nous ne sommes guère physionomistes; nous aimons à regarder, mais non pas à étudier. Nous cherchons les phénomènes et demeurons indifférents à leurs lois, qu'il serait pénible d'apprendre. Où sont les *Bénédictins* au XIXe siècle ? On en compterait deux ou trois contre des millions de flâneurs dont chacun reçoit les opinions de son voisin, quitte à les lui rendre pour ne pas savoir au juste à quoi s'en tenir sur ce qu'il y a de plus essentiel à connaître.

LES YEUX

On raconte du philosophe Kant que, lorsqu'il professait en public, il tenait ses yeux fixés sur un point déterminé de l'auditoire, et ne les en détachait qu'à la fin de la leçon. L'un de ses plus humbles disciples, à Kœnigsberg, s'asseyait toujours à la même place devant le maître, et Kant avait pris l'habitude de diriger son regard terne vers la partie de l'habit de cet étudiant où il manquait un bouton. Peu soucieux de sa toilette, le philosophe en herbe, déjà bien dégagé des préoccupations matérielles, ne s'avisa qu'au bout de plusieurs mois de faire remplacer cet ornement modeste; mais il ne se doutait pas du trouble qu'il allait jeter par là dans les idées de son professeur. Quand celui-ci monta en chaire, n'apercevant plus son point de mire accoutumé, il parut interdit, ses yeux errèrent vaguement de côté et d'autre, et ses paroles incohérentes témoignèrent de l'embarras de sa pensée. Bref, il fut au-dessous de lui-même ce jour là, et ne recouvra sa lucidité ordinaire qu'après avoir donné une nouvelle assiette à son rayon visuel.

Cette anecdote, connue de toute l'Allemagne, confirme un des principes les plus absolus de la phrénologie. L'aptitude à la métaphysique et aux méditations transcendantes n'existe qu'en vertu de la prédominance des facultés de *réflexion* et de *combinaison* sur celles de pure observation et de mémoire. Or, avec cette prédominance, qui a pour effet de concentrer l'individu en lui-même et de le rendre moins sensible à la perception des objets extérieurs, les yeux, habituellement au repos, vides d'images, et non exercés par la gymnastique fortifiante de la curiosité, deviennent hagards ou sans expression.

Tels sont ceux des rêveurs et des mystiques, plongés dans les dédales de l'abstraction ou dans les mirages de la foi. Examinez, au contraire, les artistes, les militaires, les hommes d'action, ceux qui, à un titre quelconque, ont à saisir d'un coup d'œil l'ensemble, les formes et les proportions des choses. Chez eux le regard est vif et décidé, pénétrant et expressif : il reflète tour à tour les émotions venues du dehors ou du dedans ; l'esprit et les passions s'y peignent.

Les mêmes remarques peuvent être faites sur les yeux de l'enfant comparés à ceux de l'adulte. Dans le premier âge, les organes n'ayant pas encore acquis toute leur puissance, l'âme à peine éveillée se cherche elle-même, le regard est vague et indécis. On n'y distingue clairement que les impressions primitives, la peine, la joie, le désir, la crainte et l'étonnement. Peu à peu des nuances s'ajoutent à cette gamme élémentaire ; mais la mobilité et l'intensité des lueurs qui jaillissent de la prunelle sont toujours relatives au degré d'incandescence du foyer intérieur, cœur et cerveau.

On sait que la couleur des yeux est, comme celle des cheveux, un indice du tempérament. Plus elle est foncée et plus elle dénote de vivacité et d'énergie ; mais on ne saurait y voir rien de caractéristique qu'à ce point de vue, à part l'expression, qui est fournie bien plus par la conformation phrénologique que par le tempérament même.

LA BOUCHE

Tandis que, suivant une expression consacrée, mais trop absolue dans sa concision métaphorique, *les yeux sont le miroir de l'âme*, tandis que le *nez* dénote plus spécialement le tempérament et le caractère de l'individu, il est donné à la *bouche*, orifice de l'appareil du goût et des organes qui s'y rattachent, de résumer, en quelque sorte, les appétits du corps et d'exprimer le degré de la sensualité.

Fine, bien modelée, avec des lèvres sans épanouissement et plutôt closes qu'entr'ouvertes, la bouche est indice de délicatesse, de modération, d'abstinence même. Trop petite, presque dépourvue de lèvres, contractée ou de travers, elle révèle l'insensibilité, la sécheresse, l'égoïsme, la fausseté, la trahison, en même temps que peu de besoins physiques. Etroite, mais épaisse, analogue à deux cerises surperposées, elle annonce beaucoup de tendresse, de laisser-aller et d'emportement dans les plaisirs.

Une bouche grande est incompatible avec une nature distinguée, car elle suppose la prédominance des instincts matériels sur les autres impulsions, et une tendance d'autant plus prononcée aux jouissances grossières que les lèvres y ont plus de relief et s'éloignent davantage du galbe classique.

M. Dorigny, l'habile dentiste de Paris, a publié sous ce titre : *La bouche humaine*, un livre rempli d'observations judicieuses, de révélations physionomiques, auxquelles nous ne pouvons que renvoyer le lecteur.

Une particularité remarquable de l'influence que l'âge et les événements de la vie exercent sur les traits humains ne saurait toutefois être passée sous silence en parlant de la bouche. Il s'agit de cette inflexion lente que subit, à ses deux extrémités, la ligne médiane des lèvres chez les personnes qui ont éprouvé de longues souffrances ou de vifs chagrins. Cette ligne est comme un arc dont le rire et le sourire, détendant la raideur, relèvent chaque bout dans l'enfance insoucieuse et chez les individus d'humeur joviale. Au contraire, ceux que le génie, la réflexion ou le malheur tiennent sous l'impression de l'austérité et de la tristesse, ont cet arc comme tendu à se briser. En contemplant les portraits de Dante et de Charles Fourier, par exemple, tous deux grands poëtes à leur manière, tous deux désenchantés, on est frappé de la signification de désespérance que la courbure par en bas des lèvres émaciées et décolorées imprime au visage. Dans Rabelais, dans Voltaire, ces Démocrite de la philosophie française (1), la flèche du sarcasme incessament lancée a conservé à la bouche l'expression de la gaîté.

(1) Nous prenons ici le nom de Démocrite dans son acception populaire, qui n'est pas exempte d'exagération.

DES FACULTÉS DE L'INTELLIGENCE

Les physiologistes ont remarqué que la *qualité* de la substance du cerveau n'influe pas moins que son *volume* sur la vitalité des individus et sur leur caractère. Le fluide nerveux obéit au tempérament comme la force musculaire, comme toutes les forces organiques; mais il électrise le corps en proportion inverse de la vigueur athlétique de celui-ci. On voit les gens nerveux, dont la tête est généralement d'une grosseur médiocre, posséder, en vertu de la délicatesse de leur complexion, une grande supériorité intellectuelle sur les hercules. Cet avantage toutefois n'est utile aux premiers que lorsqu'il se trouve associé aux dons de la fortune; car, autrement, il expose à souffrir cruellement des défauts du monde vulgaire où l'on est obligé de vivre. Le privilége de l'éducation, du talent même, ne fait, en pareil cas, qu'accroître les chances de pâtir. Dans ce milieu brutal qui les meurtrit et les étouffe, certaines âmes sont martyres de leur propre douceur et de leur impressionnabilité. Les Caïn sont toujours cent mille contre un Abel isolé, et le trouvant inoffensif, naturellement ils l'oppriment.

*
* *

L'intelligence humaine est proportionnelle à l'étendue des horizons qu'elle reflète et à la portée des idées qu'elle embrasse et définit. Pascal s'est montré plus compréhensif dans mainte *pensée de* dix lignes que Montesquieu dans tout l'*Esprit des lois*. L'un a cherché la vérité à sa source, au plus profond de l'âme, et l'autre, en s'éclairant de l'histoire, n'a émis que des axiomes superficiels. Au delà de ce qui est généralité, règle universelle, principe, il n'y a rien que la cause première, et force est de s'arrêter à cette hauteur. De là l'impuissance créatrice des grands critiques et des grands penseurs, dont les abstractions, toutefois, contiennent plus de choses que la fécondité des écrivains ordinaires. Par exemple, la critique comme Gustave Planche l'a magistralement professée équivaut à un cours complet de philosophie, de littérature et d'art. On aurait peine à nommer un enseignement et une œuvre plus instructifs. Accuser de stérilité de tels esprits, c'est reprocher à une doctrine de n'être pas une application, un des faits qui peuvent en découler: c'est en vouloir à l'ensemble de n'être pas la partie. Les intelligences de cette nature formulent des préceptes plutôt que des applications parce qu'elles sentent instinctivement ne pouvoir réaliser leur idéal; mais on n'entend pas moins bien l'architecture pour avoir composé un savant traité sur cette matière, au lieu de ne faire que bâtir des maisons, et la main saisie du compas et de l'équerre ne saurait en même temps se servir de la truelle et manier le mortier.

*
* *

Cette loi de la nature physique en vertu de laquelle l'étendue est en raison inverse de la profondeur, se retrouve également dans l'ordre moral. Les esprits très-arrêtés ne sont jamais les plus vastes. La décision du caractère n'est souvent que l'effet d'une manière de voir étroite, tandis que l'incertitude résulte d'une compréhension plus large, qui hésite entre les motifs de détermination.

Dans les doctrines, le même phénomène est sensible : plus elles sont intelligentes, moins elles sont exclusives. La plus sévère de toutes, la Religion, ne prescrit de règles si strictes et n'entoure de ligatures le croyant que parce qu'elle n'a qu'un seul point de vue : il en est beaucoup d'autres plus compréhensifs, aussi élevés et aussi légitimes que le sien: mais ce dernier, laissant le moins de liberté à l'homme, convient le mieux pour le dominer et le rendre facile à gouverner.

*
* *

L'ignorance proscrit tout ce dont elle a peur, ou met de côté tout ce dont elle ne sait point l'usage. La science vient ensuite éclairer sur l'innocuité de ce qu'on repoussait et fournir les moyens d'utiliser ce qu'on laissait perdre. Chaque siècle voit tomber des exclusions, des prohibitions et des barrières; on avance ainsi pas à pas dans la voie d'une harmonie et d'un progrès relatifs. Les mailles des systèmes s'élargissent pour livrer passage à de prétendus monstres qui s'apprivoisent parfaitement en liberté, et comme un coursier à qui l'on ôte son harnais et son mors, la société s'adoucit à mesure qu'elle sent se relâcher les entraves.

On est mal placé en temps de révolution pour observer ce phénomène; mais à voir l'ensemble des temps et des pays, il n'en est pas moins réel.

*
* *

On entendait naguères par *capacité*, conformément à l'étymologie du mot, un degré de compréhension et d'habileté supérieur à la portée commune; mais comme on n'avait pas exclusivement en vue les affaires et la fortune, on admettait pour *capables* des gens qui eussent fait de mauvais banquiers. Aujourd'hui, si l'on n'est propre à gagner de l'argent, on ne paraît pas bon à grand'chose, et il arrive trop souvent que ceux dont la *capacité* fait parler d'elle se trouvent être *capables* de tout.

*
* *

L'intelligence, développée à un certain degré, révèle à l'homme un idéal si élevé qu'en le poursuivant il courrait risque de dépasser tout le monde, et de s'isoler dans l'utopie.

Un principe incontestable obvie à ce danger. Le monde entier progresse en civilisation, c'est-à-dire dans une tâche qui a pour but de substituer l'aisance à la misère, l'ordre au désordre, la science à l'ignorance, et le bien relatif au mal relatif. On est donc d'autant plus compréhensif qu'on contribue avec plus de zèle et de talent à rallier les intérêts et les esprits. La synthèse de l'humanité, si ses imperfections permettent d'y atteindre, n'est autre que la *collectivité de la raison* remplaçant la *divergence des erreurs.*

*
* *

Quand on se prend à étudier les gens au point de vue de l'utilité *sociale* et *générale* dont ils peuvent être, on est effrayé de la nullité de la plupart d'entre eux. Beaucoup s'imaginent qu'en se livrant à quelque trafic, en défrayant leur maison et payant leurs dettes, ils accomplissent toute la tâche dévolue à l'homme en société. Mais, proportion gardée de l'instinct des espèces, une existence aussi circonscrite ressemble à celle de l'animal, qui pourvoit à sa subsistance et nourrit ses petits. Quand la vie de l'individu se renferme dans de tels soins, il se rapproche plus du mammifère que des beaux types de sa race. Les facultés particulières dont nous sommes doués, l'*imagination*, la *conscience*, l'*intelligence* et la *raison*, tracent d'autres devoirs, développent d'autres aspirations, et font ambitionner d'y satisfaire. On reconnaît alors et l'on apprécie le bien qu'on a reçu des efforts de la *collectivité* de tout temps, sous la forme des arts, des sciences, des institutions utiles ; on rêve d'apporter sa pierre à l'édifice commun ; on tâche d'émettre un son qui ne soit pas perdu dans le concert des bonnes volontés. En dehors de cette émulation, qui tend à l'harmonie universelle et est, selon nous, plus hautement religieuse que la prière, l'humanité perd le sceau de sa grandeur et rentre dans la zoologie ou la végétation.

*
* *

L'utilité d'un homme ne dépend pas autant de son savoir et de son zèle que de son *intelligence*. Il est un grand nombre de *savants* dont la science n'a jamais pu servir ni à eux-mêmes ni aux autres : leurs connaissances sont tout d'une pièce comme un lingot, et on les trouve insolvables quand on a besoin de monnaie. Le conseiller et l'auxiliaire le plus utiles sont ceux dont l'assistance répond le mieux à l'occasion. De même pour apprécier la *capacité*, c'est un indice douteux qu'une preuve une fois donnée. Le plus *capable* c'est celui qui trouve moyen de l'être le plus souvent, et dans les circonstances les plus diverses. Un capital en billets de banque n'est pas inférieur à une fortune égale en terres parcequ'il peut être plus facilement qu'elle divisé et mobilisé.

*
* *

La corruption des esprits est aujourd'hui si générale que la délicatesse et l'honnêteté sont presque devenus des marques d'originalité, qu'on prend quelquefois en mauvaise part, sans doute parcequ'elles semblent faire la censure de la manière d'être commune. Un caractère sain et normal, incompris des intrigants et des goujats qu'il étonne, constitue à leurs yeux une sorte d'infirmité morale, à peu près comme un homme droit paraîtrait difforme à un peuple de bossus.

*
* *

Les esprits médiocres, mais curieux et avides de connaissances, se croient de la portée d'autant plus qu'ils admettent tout. Ils ressemblent aux endroits publics, où la société ne peut être choisie dès que tout le monde y entre. Une intelligence supérieure exclut ce qui est mesquin, puéril, équivoque ou mauvais, par la même raison qu'il faut beaucoup de goût pour n'aimer que ce qui est beau ou bon. Quelques grandes vérités dans la tête empêchent d'y pénétrer bien des erreurs.

*
* *

Quoique l'assertion puisse paraître paradoxale, l'*intelligence* n'existe qu'à la condition de ne pas comprendre certaines choses, qui choquent par leur fausseté, et ne sauraient se faire admettre d'un entendement sain. L'erreur et la sottise ne seraient pas si toutes les idées étaient également *intellectuelles*. L'incapacité de saisir des rapports trop subtils, des raisonnements vicieux, des notions suspectes, est une preuve de sagacité. M. Guizot, alors ministre, répondait, un jour, avec raison, à je ne sais quelles clabauderies parlementaires : « Il est des « idées qui ne me viennent pas », et il se montrait ainsi fort supérieur à ceux que cet aveu faisait rire. Toutefois les esprits vulgaires s'imaginent qu'il faut tout concevoir pour être intelligent. Ils ne se doutent point qu'il y a un abîme entre la bêtise et le génie, comme entre le bien et le mal.

*
* *

Les esprits supérieurs ont besoin du pouvoir pour faire accepter leurs vues : dépourvus d'autorité, ils semblent utopiques parcequ'il n'y a nulle proportion entre leur condition et leur visée. Ils rencontrent d'autant moins d'adhérents qu'ils ne s'intéressent qu'aux *ensembles*, et inquiètent ou choquent ainsi toute personnalité.

*
* *

Quand on dit d'un homme : c'est un esprit *pratique*, il ne manque pas de pédants et de raisonneurs qui entendent par là un esprit *médiocre* ; mais ils se trompent grossièrement. Les intelligences qui ne sont pas *pratiques* ne sont même pas lucides, et ne servent qu'à accroître la confusion dont tant de choses sont le prétexte ici bas. Dans chaque branche de connaissances, il y a du positif et de l'idéal, de l'observation et de la conjecture. La seule manière d'acquérir et d'accroître la *science* consiste à s'attacher à ce qui est prouvé, à s'en inspirer, en laissant de côté ce qui n'est que probable. Toute notion qui ne se peut traduire ni en application ni en formule, est plus propre à égarer qu'à éclairer le jugement. Entre les esprits *pratiques* et ceux qui ne le sont pas, il y a la différence du réel au chimérique, de la réalisation au projet, de l'instrument efficace au tâtonnement inutile. Toute la métaphysique allemande en fait foi.

*
* *

« Il y a, » disait Balzac, « une atmosphère des idées. Dans « une cour de justice, les idées de la foule pèsent sur les juges « et réciproquement. » Le même phénomène s'observe dans les spectacles et dans toutes les assemblées publiques. Il se produit également dans des réunions moins nombreuses, et semble être comme la température moyenne qui se dégage de l'assistance au point de vue moral. Cette atmosphère des idées existe partout avec une densité telle que le sentiment individuel, le génie même, peuvent en être oblitérés ou étouffés. Il est des sociétés où l'homme d'esprit devient bête, et il en est d'autres, en beaucoup plus petit nombre, où le sot lui-même a des lueurs de raison. Au résumé, les idées ne se développent, en ce monde, qu'à la condition de naître dans un milieu favorable, et cela explique pourquoi le niveau commun des intelligences n'est pas plus élevé : les nuages qui s'attirent entre eux font la nuit, que ne percent pas toujours les étoiles.

*
* *

Le bavardage est la manifestation la plus commune de la bêtise. Dans les cerveaux où il ne fait pas clair, les idées ne suivant jamais une filière logique, la pensée ne partant pas de la cause pour arriver à l'effet, et réciproquement, les impressions ressenties ondulent au hasard, se mêlent, s'enchevêtrent, se confondent, et le langage est d'autant plus abondant qu'il précise moins. Entre l'intelligence et la sottise, il y a la même différence qu'entre un clairvoyant et un aveugle. L'un met de suite la main sur l'objet qu'il veut ; l'autre cherche, tâtonne, hésite, ignore, et a besoin de vingt mouvements pour atteindre ou manquer un seul but. La prétention de se prononcer sur ce qu'on ne connaît pas, produit tous les inconvénients d'une cécité active et présomptueuse. Aussi, comme il est infiniment plus facile de parler que de savoir, la loquacité des gens est le plus souvent en raison inverse de l'à propos et de l'utilité de leurs paroles.

Chez les femmes, surtout, ce défaut atteint des proportions exagérées jusqu'au ridicule et à l'ennui. Entendez-les causer entre elles : leurs langues sont des moulins qui tournent à vide en se figurant moudre, et qui ne font que se donner de l'air. Pour être supportable dans l'entretien, la première condition est d'écouter, la seconde de répondre juste, la troisième d'instruire ou de se taire. En dehors de ces règles, il n'y a que des moulins.

* * *

Le sentiment et le raisonnement sont nos deux guides : inégalement nécessaires, il s'en faut bien qu'ils soient toujours d'accord. Le plus faible des deux se laisse arracher trop de concessions par l'autre, qui plus vigoureux et plus actif, se trouve encore être le plus éloquent. Quand ils parlent haut tous deux et sont disposés aux querelles, c'est souvent un parti sage que de faire à chacun sa part. La sphère d'action du sentiment ne peut sans inconvénients s'étendre au-delà de la vie privée, tandis que l'exercice du jugement ne cesse d'être indispensable dans la vie publique. Ici, les intérêts l'emportent sur les affections ; là, on risquerait d'être trop dur si l'on n'obéissait qu'à la logique. La prudence la plus consommée n'empêche pas, il est vrai, qu'on ne soit parfois dupe, comme le dévouement ne met pas à l'abri de l'ingratitude, au contraire ; mais il vaut mieux être victime de ses bienfaits que de ses erreurs.

Malheureusement pour la Société, dont l'ordre est si imparfait encore, le machiavélisme inhérent à la politique et le maquignonnage inséparable des affaires en écartent les esprits les plus élevés et les moins personnels (1), qui s'y buteraient à chaque pas. Pour ceux-là, en effet, les questions de service et de succès sont primées par celles de conscience. L'application des facultés dont ils sont doués a besoin de se faire dans un milieu d'où la duplicité soit bannie, et, après avoir bien cherché, ce n'est pas leur faute s'ils ne le trouvent qu'en eux-mêmes. Sans misanthropie et sans orgueil, il est permis de s'éloigner du monde quand on ne peut aimer que ce qu'on estime et qu'on repouse toute affectation comme toute complicité.

*
* *

Il est deux sortes bien différentes de gens qui se plaignent de n'être pas *compris*. Les uns sont lucides et ont affaire à des esprits qui ne le sont pas. La plupart sont obscurs, incompréhensibles à eux mêmes, et il n'est pas étonnant qu'ils le soient également aux autres, étant entourés de leurs pareils. S'il pouvait être utile d'établir ou plutôt d'exprimer un principe à cet égard, le voici dans sa crudité : on *comprend* ceux qui vous font plaisir, et l'on ne *comprend* pas ceux qui vous ennuient, même avec l'intention de vous être agréables. Ce n'est pas la raison qui est en cause dans ce résultat : c'est l'attrait, une impression variable et indéfinissable. Les idées, les sentiments, les instincts sont toujours clairs à leur source : ils ne deviennent troubles qu'objectivement, c'est-à-dire en se mêlant à d'autres ondes. La chimie et la physique dominent l'ordre moral comme l'ordre matériel : elles ont dans tous deux leurs lois d'agrégation et de résistance. Ce qui demeure isolé dans l'ordre moral n'est pas dans le centre d'attraction qui lui convient, mais ce centre existe. FOURIER seul, de tous les penseurs, a su s'élever à la conception de l'harmonie des âmes.

(1) Ces réflexions ont été écrites sous le règne de Napoléon III.

Sa théorie de l'association coopérative est, comme doctrine, supérieure à toutes les philosophies, et comme moyen pratique de civilisation, elle l'est également à toutes les religions. Malheureusement, cette supériorité même l'a placée à la hauteur d'une aurore, et nous sommes encore presque dans la nuit.

*
* *

Entre ce qu'on appelle ordinairement l'*esprit*, et l'*intelligence* proprement dite, il n'y a pas de différence moindre qu'entre une étincelle et une clarté. L'*esprit*, qui tient à une disposition particulière, secondée par la qualité du cerveau et des nerfs, plutôt qu'à la raison, fait faire souvent beaucoup de sottises en conférant la faculté de dire ou d'écrire de très-jolies choses. L'*intelligence* suppose au contraire une rectitude de jugement qui ne permet pas de commettre de grandes fautes, à moins que la cause de celles-ci ne soit dans le caractère, comme par exemple dans l'ambition d'un Napoléon Ier ou le sensualisme et la vénalité d'un Mirabeau. Ce qui revient à dire que le principe de l'excellence et de la grandeur est dans le caractère, vérité fondamentale sur laquelle la Phrénologie est entièrement d'accord avec les Religions, les Philosophies et la Morale éternelle.

DES DÉFAUTS

DU CARACTÈRE DES FRANÇAIS

Entreprendre de faire faire à notre nation son examen de conscience, c'est sans doute un trait d'audace de la part d'un écrivain peu connu. Toutefois l'à propos et la nécessité de cet examen ne sont pas contestables à une époque où nul n'est tenté de nier la gravité de la crise dans laquelle nous ont précipités les imprudences, les exagérations et la légèreté de notre caractère national.

Un journal peu suspect de trop de goût pour les réformes, et qu'on compte même au rang des plus conservateurs (1), donnait lui-même naguère le signal du repentir et de la pénitence dans les lignes suivantes, qui peuvent servir d'épigraphe aux observations que nous voulons consigner ici :

« C'est au moment où la France vide jusqu'à la lie le calice de l'expiation, qu'il importe de faire un retour profond et sincère sur nous-mêmes, et de rompre courageusement avec les idées fausses, avec les fictions, les rêves décevants qui nous ont poussés au fond de l'abîme. C'est le cas, ou jamais, pour la presse, et pour le public, de prendre son courage à deux mains, et de s'attacher à cette maxime de l'Evangile : *Veritas liberabit vos*. La vérité vous délivrera. Le mensonge a été notre séducteur et notre ennemi. Jetons-nous dans les bras de la vérité ; elle sera sévère pour nous, mais c'est une marque de grandeur pour une nation de n'avoir d'autre libérateur que la vérité. »

Le reproche le plus fondé qu'on soit fondé à adresser aux Français, quand on a été à même de les comparer à d'autres peuples, c'est celui d'une extrême légèreté qui s'applique à tout.

---

(1) Le *Moniteur du Calvados*.

Ils sont tellement amis du plaisir et de l'agrément que, comme s'ils craignaient de tomber dans l'ennui en devenant sérieux, ils se complaisent à bannir la gravité de leurs mœurs.

Le penchant à tourner toutes choses en plaisanterie, à en faire des sujets de caricature, de vaudeville et de chansons est, au témoignage des traditions gauloises, un des défauts les plus invétérés du caractère national. Peuple essentiellement badin et railleur, les Français ne se doutèrent jamais qu'on ne peut être constamment à l'affût des petitesses et des ridicules sans se ridiculiser soi-même. L'esprit public ne doit pas être *gamin* ; quand il abonde dans ce sens, il se rabaisse et devient méprisable, indigne d'une société intelligente et policée. Dans la pratique de la vie, il n'y a que les appréciations sages et vraies qui puissent servir de règles à la conduite, à moins qu'on ne fasse profession de bouffonnerie. Or cette tendance fâcheuse à ne remarquer que les détails secondaires, à y chercher des prétextes de dénigrement, à ne voir, par exemple, dans un homme d'état que ses travers, dans un auteur que ses défauts, et dans une figure que ses verrues, est incompatible avec l'équité et la raison. Elle rénd l'opinion capable des plus grandes injustices, des plus grossières bévues, et met, en définitive, le juge au dessous de l'accusé.

On a lieu de reconnaître d'ailleurs que si les Français sont prodigues de censures et de critiques, ils ont, en revanche, des engouements aveugles et des partialités inexplicables. Leurs impressions, aussi changeantes que vives, les entraînent d'un excès à l'autre, et toujours au delà du rationnel. C'est ainsi qu'après avoir impitoyablement décrié un régime de liberté relative, ils en viennent à acclamer avec enthousiasme un despotisme absolu, tour à tour révolutionnaires sans frein et courtisans sans vergogne. Pareils à des enfants, ils ont besoin qu'on les étonne, qu'on les amuse, ou qu'on les intimide. Qu'ils aient un maître doux et bon, ils le tourmenteront, lui feront la nique ; qu'il soit remplacé par un autre, exigeant et rébarbatif, ils s'en laisseront fouetter. Paul-Louis Courier, ce sage d'un caractère antique et d'un esprit si fin, leur disait (1) : Vous

(1). *Pamphlet des pamphlets.*

êtes, non le plus esclave, mais le plus valet de tous les peuples. » Toutefois ces vices du subalterne s'allient à une forfanterie d'écolier. La nation aime l'éclat et le bruit, les pompons, les plumets, les uniformes. Ce qui est simple, grave, modeste, fût-ce le mérite et le dévouement, n'attire point sa curiosité d'amateur. Le personnage qui entend le mieux la mise en scène et l'exploitation des idées du moment est assuré d'être porté aux nues, quitte à se voir vilipendé plus tard. Les revirements du goût, de l'opinion et des partis n'étant jamais des retours de conscience, engendrent de nouvelles exagérations ou de nouvelles erreurs.

On pourra objecter que certains triomphes et certaines décadences ont été le fait de la partie la moins éclairée du pays ; mais quand le reste les contemple bouche béante, y souscrit avec empressement, ou les regarde comme un spectacle qui importe peu et n'implique nulle suite, on est trop fondé à accuser de complicité ou de pusillanimité des classes plus clairvoyantes peut-être, mais dont l'attitude ratifie toutes les entreprises, et semble absoudre jusqu'aux forfaits bien réussis. C'est ainsi que la population parisienne, notamment, a encouragé tant de révolutions et de saturnales par ses habitudes de badauderie contemplative et d'insouciante frivolité.

Cette frivolité, sur laquelle on ne peut trop insister, se retrouve en tout. Elle a fait dire à un ingénieux écrivain (1) :

« Ce n'est pas seulement la fortune, mais aussi la renommée elle-même qui paraît laisser à l'écart dans notre pays le savant véritable. Le nombre de ceux qui s'intéressent au progrès des sciences est bien plus considérable en Allemagne et en Angleterre qu'ici. On admire en France les gens en place et en uniforme, ou ceux qui affichent leurs noms sur les places publiques. Nous ne voulons pas faire de personnalité, mais tel petit journaliste audacieux et ignorant, tel photographe à réclames, telle danseuse qui s'écartèle, arrivent beaucoup plus vite à la renommée qu'un physicien ou un astronome. Sous cet aspect nous sommes bien inférieurs aux Egyptiens et aux Chinois de l'antiquité, aux Allemands et aux Anglais nos contemporains. »

Les Français sont éminemment artistes ; mais, peut-être par suite de cette qualité, ils préfèrent ce qui est fin à ce qui est simple. Aimant à raffiner sur tout, ils ne savent s'en tenir

(1) M. Camille Flammarion.

à rien, et si, par hasard, le secret du bonheur universel tenait à une découverte, ils ne s'en contenteraient pas et lâcheraient la proie pour l'ombre. La vérité même ne peut que leur être matière à perfectionnement; aussi la traverseraient-ils, sans s'y arrêter, pour retourner à l'erreur. Le plaisir de trouver des combinaisons nouvelles laisse, chez eux, les plus graves questions à la merci des esprits et des circonstances. Leur imagination est une girouette qui tourne quand même, et se soucie moins de son utilité que de son mouvement. Ce besoin perpétuel d'innovation et de changement n'a pas seulement créé la Mode et son empire : on n'est pas frivole et inconstant impunément. Il a engendré aussi l'instabilité de l'Etat et des affaires publiques. Les Français devraient pourtant savoir, à l'heure qu'il est, qu'on ne peut agiter incessamment certains intérêts sans y jeter la confusion et le désordre. Mais leur esprit curieux et remuant ne regarde comme achevé que ce qui est détruit. Ils ressemblent à ces enfants gâtés qui, lorsqu'on leur donne un oiseau, ne se possèdent pas de joie, puis, après l'avoir choyé, caressé, et s'être familiarisés avec lui, commencent à se livrer sur son corps à une foule d'expériences. La pauvre bête finit par en mourir, et ils la pleurent aussitôt.

A propos de l'instabilité des choses dans notre pays, par suite de la trop grande mobilité des idées et de l'humeur de la nation, Châteaubriand a dit :

« Je ne sais quoi de si brusque, de si inconstant se fait remarquer dans le caractère français, qu'un changement avec eux est toujours probable. Il y a toujours cent contre un à parier, en France, qu'une chose quelconque ne durera pas : c'est à l'instant que le Gouvernement parait le mieux assis qu'il s'écroule. Nous avons vu la nation adorer et détester Bonaparte, l'abandonner, le reprendre, l'abandonner encore, l'oublier dans son exil, lui dresser des autels après sa mort, puis retomber de son enthousiasme. Cette nation volage, qui n'aima jamais la liberté que par boutades, mais qui est constamment affolée d'égalité; cette nation multiforme fut fanatique sous Henri IV, factieuse sous Louis XIII, grave sous Louis XIV, révolutionnaire sous Louis XVI, sombre sous la République, guerrière sous Bonaparte, constitutionnelle sous la Restauration : elle prostitue aujourd'hui ses libertés à la monarchie dite républicaine, variant perpétuellement de nature selon l'esprit de ses guides. Sa mobilité s'est augmentée depuis qu'elle s'est affranchie des habitudes du foyer et du joug de la religion (1). »

(1) Mémoires d'Outre-tombe.

Ce sont des considérations de cette nature (et l'on pourrait y ajouter encore) qui excusent le refroidissement du patriotisme dans les cœurs dont l'enthousiasme voudrait n'être pas tout à fait dépourvu de raisonnement. Ce sont elles qui ont inspiré au spirituel et téméraire auteur des *Français de la Décadence* cette boutade moitié triste et moitié plaisante : « Rien n'est douloureux comme de se sentir pour son pays un attachement exempt d'estime. »

Le caractère français est vain, mais il manque de fierté : c'est pourquoi chacun, au lieu de se contenter de l'estime due à toute profession honnêtement faite, cherche à paraître au-dessus de la sienne, affecte volontiers d'appartenir à une classe plus élevée, et souvent vise à l'esprit. Les prétentions, chez nous, s'allient aux conditions qui les comportent le moins. La femme de chambre prend des airs de dame et est enchantée de passer pour sa maîtresse, à l'occasion. En d'autre pays, bien qu'elle porte chapeau, la servante reste telle partout et n'en a pas moins sa dignité, même devant ceux qui lui donnent des ordres. L'amour-propre des domestiques anglais consiste à être de bons domestiques, tandis que les nôtres, tout en affichant parfois une servilité voisine de la bassesse, s'ingénient à obéir le moins possible, et ont généralement en haine leur maître et leur état.

Devant la loi, quelque chose d'analogue se retrouve dans l'attitude et la conduite des deux peuples : l'anglais s'y soumet par un sentiment de responsabilité qui dispense généralement le magistrat d'avoir recours à la force. Celle-ci, en France, est armée, a besoin d'être partout présente, et l'on déjoue son intervention avec bonheur dès qu'elle a le dos tourné.

En Angleterre, où l'on n'est pas plat devant l'autorité, on la respecte davantage. Le trône y dure sans prestige. Un fonctionnaire ne s'y permettrait pas d'être impertinent, car le contribuable entend qu'on le respecte. Tout homme en place n'y est pas une sorte de supérieur qu'on n'aborde qu'avec crainte et humilité; on le regarde au contraire comme un serviteur du public et il ne peut être honoré que pour le zèle qu'il lui consacre.

Les défaillances du caractère français ont reçu un terrible châtiment par le fait et les conséquences de l'invasion prussienne. A la veille d'une capitulation qu'avaient rendue inévitable l'inertie du patriotisme chez le plus grand nombre, en province surtout, et une série de défaites comme nous n'en avions jamais essuyé, un publiciste étranger s'écriait, s'adressant à notre nation :

« Faites la paix, car, pour combattre et pour vaincre, il ne faut pas seulement le courage personnel; il faut la dignité, la conviction, la discipline, et vous n'avez plus rien de tout cela. Ce n'est pas une armée, c'est une société tout entière que vous avez à refaire. »

Avis cruel mais trop fondé !

De son côté, un journal français qui se publie à Londres imprimait ce qui suit :

Le peuple français est arrivé à une heure solennelle; son existence semble suspendue à un fil; il est en face du *To be or not to be*. La nation porte la peine de sa présomption, et nos yeux ne doivent pas se fermer à l'évidence.

Oui, notre force était dans les mots et non plus dans les choses; notre prépondérance était plus nominale qu'effective; on nous voit tels que nous sommes et non plus tels que nous avons été.

Nous reconnaissons maintenant que des causes de dissolution ruinaient notre société ; qu'un égoïsme criminel, produit funeste des mœurs et de l'éducation, s'était emparé de certaines classes; que la nation ne se passionnait plus, comme autrefois, pour la vérité, l'honneur, la justice, le devoir et la patrie.

Notre salut est dans un changement général de l'esprit public. La maladie est là, il faut arrêter ses progrès par de vigoureuses mesures, et rendre au corps social sa santé et sa vigueur.

« Ce qui manque le plus de nos jours, » a dit un célèbre philosophe, « c'est le respect dans l'ordre moral, avec l'attention et la volonté dans l'ordre intellectuel. » Retenons cette vérité et tirons-en des conséquences pratiques. Qui donc voudrait prétendre que la France serait aujourd'hui au bord de l'abîme, si elle avait conservé « le *respect*, l'*attention* et la *volonté*? »

Il n'y a rien à ajouter à ces citations, qui sont ici à leur place, et qui porteraient certainement leur fruit si l'on ne dédaignait pas de s'y arrêter.

Les organes phrénologiques qui sont généralement trop faibles dans les têtes françaises, et qu'il importerait de développer par la sélection raisonnée, éclairée (mais non pas instinctive) dans le mariage, et par une éducation nationale bien entendue, sont ceux du *respect*, de la *circonspection*, de la *fierté*, de la *persévérance*, de la *conscience* et de la *causalité*. La ridicule *vanité*, la suffisance qui portent nos compatriotes à croire que tout est mieux en France qu'ailleurs, ont besoin de trouver un contrepoids dans l'instruction, dans la comparaison et les voyages, sans lesquels le jugement ne peut se former complétement en aucun pays. A nos yeux enfin, l'enseignement ne devrait pas être rendu moins obligatoire par les lois que le service militaire ; car il est monstrueux de laisser les hommes libres de ne pas s'instruire et de leur enjoindre d'aller se faire tuer : c'est ajouter une mort à une autre.

Il est certes indispensable à l'État d'avoir d'énergiques défenseurs; mais il lui est également utile de voir le peuple instruit, raisonnable, imbu du respect qu'il doit à la loi et à l'intérêt public. N'est-ce pas là la seule condition possible de cet *ordre moral* au secours duquel on appellerait en vain les épées et les bayonnettes? On ne pourra l'établir qu'en inculquant aux citoyens, dès l'enfance, un enseignement propre à empêcher dans leur cerveau la formation de ces fausses notions qui, à un moment donné, changent les ignorants en perturbateurs et en furieux. Croyons bien que, si les éléments de l'Économie politique étaient plus répandus, plus populaires, il y aurait chez nous moins de ces insensés et de ces forcenés qui se proclament les *ennemis du capital*, sont en réalités les envieux de la fortune, et pour lesquels la chute des gouvernements ou leurs crises ne sont que des prétextes à coups de fusil et à coups-de-main.

L'ÉDUCATION ET L'ENSEIGNEMENT

« L'éducation en général est l'art de développer
« les êtres de la manière qui est conforme à leur
« fin. »

A. GUYARD. *Quintessences*.

Il résulte des derniers documents publiés par le gouvernement impérial qu'avant sa chute, la proportion des gens mariés qui n'avaient pu signer leur nom sur les registres de l'Etat civil avait été, pour toute la France, de 33 0/0, dont près de 26 0/0 pour les hommes, et plus de 41 0/0 pour les femmes. Dans certains départements, le nombre des femmes complétement illettrées parmi les mariées s'élevait jusqu'à 75, 80 et même 98 0/0. Ces chiffres suffisent pour montrer qu'il n'y a pas en France de question d'un intérêt plus urgent que celle de l'éducation et de l'enseignement, dont le gouvernement de la République se préoccupe d'ailleurs à juste titre, sachant combien il a à faire et à réparer dans cette voie.

Il faut d'ailleurs le reconnaître : si, sous le rapport de l'instruction publique, la France se trouve en arrière des Etats-Unis, de la Suisse, de l'Allemagne, de la Hollande, de la Belgique, etc., ce n'est pas seulement par la faute des pouvoirs auxquels elle a successivement confié ses destinées ; c'est surtout par suite de l'indifférence des classes influentes à l'égard de la situation intellectuelle du peuple. Par peur de la démagogie, elles se sont accommodées d'un régime qui nous mettait au-dessous des principales nations. Peu s'en faut que ce mot : *lumières*, ne soit pour bien des gens synonyme d'*impiété*. La plupart de ceux qui se croient *conservateurs* verraient l'avenir perdu si l'instruction était déclarée *obligatoire*.

L'insuffisance déplorable des écoles primaires à Paris même, au point de vue du nombre, était accusée dans les termes suivants, au mois d'octobre 1871, par le journal le *Temps :* On se rappelle tout le bruit qui se faisait sous l'empire relativement à la prétendue sollicitude de l'administration municipale pour le développement de l'instruction du premier degré et la satisfaction des besoins intellectuels et moraux des classes les plus nombreuses. Eh bien ! il se trouve aujourd'hui que sur le nombre total des enfants qui sont dans le cas d'aller à l'école publique, il y en a 67,500 qui ne peuvent y être admis faute de place; les millions se dépensaient par centaines pour les embellissements ruineux que l'on sait, et la dotation de l'instruction publique de Paris ne s'élevait pas même à 5 0/0 du budget de l'Hôtel de Ville.

D'un autre côté, le Ministre de l'Instruction publique à la même époque, M. Jules Simon, dans une circulaire adressée aux recteurs des diverses académies, signalait les réformes qu'appelle chez nous l'enseignement secondaire. Convenant qu'il laisse beaucoup à désirer, il ajoutait que celui des langues vivantes n'est pas florissant, que les études dites *classiques* ne sont guère plus prospères, attendu (ce sont les expressions de la circulaire) que les élèves, en sortant du collége n'écrivent qu'imparfaitement leur langue, oublient très vite le peu de latin qu'on leur a appris, et ne savent pas un mot de grec.

Ainsi, de l'aveu même du Grand-Maître de l'Université, la plupart des jeunes gens qui reçoivent l'enseignement officiel, après avoir étudié plusieurs années, ne connaissent pas les langues mortes, possèdent mal la leur, et ne parlent point celles des autres peuples. On peut ajouter à ce bilan qu'ils sont également ignorants en géographie, en histoire, en économie politique, etc., etc. Que savent-ils donc ? — A peu près rien de suffisant.

*
* *

L'éducation de l'enfance est la tâche la plus délicate et la plus méritoire qu'il soit donné à l'homme d'accomplir. Elle se complique de la difficulté de suppléer l'exemple et la surveillance de la famille à une époque où celle-ci est impuissante à exercer efficacement cette double fonction. L'enseignement dispensé par les institutions publiques offre une fâcheuse lacune au point de vue de la discipline morale dont les esprits ont surtout besoin. Les pensionnats et les colléges, plus ou moins aptes à répandre l'*instruction* parmi leurs élèves, sont impropres, dans leur forme actuelle, à leur donner ce qui constitue l'*éducation*, c'est-à-dire de bons principes, de bonnes manières, et cette connaissance de la société et du monde en général sans laquelle l'homme le plus savant n'est qu'un rustre ou un niais, souvent l'un et l'autre. La scission existante entre le mode imparfait d'apprentissage de la vie et la pratique subite, à un jour déterminé, de cette vie qu'on ignore encore, constitue une déplorable erreur sociale dans un siècle qui se croit éclairé.

Il est peu de jeunes gens qui, une fois sortis des écoles, consentissent à en subir de nouveau le régime : ce seul fait condamne un système de séquestration pénitentiaire qui, sous prétexte de faire l'éducation des sujets, en fait le supplice. Il faudrait que les enfants fûssent élevés dans des conditions moins dures, sans pédantisme, sans sécheresse, de telle sorte, comme le voulait ROUSSEAU, que leur instituteur fût leur meilleur ami, le suppléant bienveillant et attentif de leur père et de leur mère. Il faudrait surtout qu'il adaptât son enseignement et son mode de traitement au naturel varié de ses élèves, et ne procédât pas uniformément pour tous avec la même règle et le même compas, ce qui est la plus grande aberration de la pédagogie universitaire.

On disait de SOCRATE, dans l'antiquité, qu'il était un excellent accoucheur d'âmes. Le rôle des instituteurs ne doit pas être autre, et celui des parents consiste à les seconder. Chaque enfant reçoit, en naissant, de la nature les éléments d'une individualité qu'il s'agit de développer, et non d'étouffer ou de changer, mutilation intentionnelle aussi condamnable qu'impossible. Le maître qui, sans égard pour les aptitudes spéciales de chacun de ses disciples, s'efforce de les diriger tous dans le même sens, et leur appliquer une éducation identique, peut être justement comparé à un maquignon qui, possédant des chevaux de races diverses, dont les uns conviendraient pour l'attelage et d'autres pour le labour, prétendrait les entraîner indistinctement pour la course.

*
* *

Un préjugé très commun est celui qui fait supposer aux parents qu'ils ne doivent pas s'appliquer trop tôt à exercer l'attention et les facultés intellectuelles des enfants. La nature nous indique clairement qu'au contraire on ne peut s'attacher de trop bonne heure à cultiver leur entendement, puisqu'elle rend capable d'un certain degré d'observation le nourrisson qui a les yeux ouverts. Il n'est pas douteux qu'il ne reçoive dès le sein de la mère des impressions dont il importe de ne pas laisser l'effet au hasard. On a constaté qu'il existe une frappante relation entre la précocité de l'intelligence de l'enfant et la sollicitude qu'on lui témoigne. Une nourrice stupide ou très bornée abrutit, en quelque sorte, l'élève confié à ses soins. C'est donc dès le berceau que l'éducation commence, et si elle fait fausse route à son début, on aura d'autant plus de mal à la remettre ensuite dans la bonne voie. L'inaptitude de la plupart des parents à préparer l'éclosion des petites âmes que contient le cerveau de leur progéniture contribue au moins autant que la rareté des vocations hors ligne à peupler la terre de sujets médiocres et d'esprits obtus.

Par la même raison, on commet une faute grave contre l'intérêt de la société et contre celui des individus mêmes en abandonnant l'enfance à la domesticité. Si l'immense majorité des pères et mères est dépourvue des qualités requises pour faire dans de passables conditions la première éducation des êtres qu'elle met au jour, elle peut encore moins s'en rapporter pour cette tâche à des mercenaires ignorants et souvent vicieux, qui se trouvent insuffisants pour bien d'autres services d'une plus faible importance. Il est vraiment absurde d'élever pendant plusieurs heures chaque jour, au rang et aux fonctions d'institutrices ou de gouvernantes, de pauvres filles dont on réussit difficilement à obtenir qu'elles aient assez de lumières et de conduite pour leur propre compte, et qui, par la bassesse de leurs instintcs sont plus propres à pervertir qu'à former ou seulement à maintenir les enfants qu'elles accompagnent. Pour l'éducation des jeunes personnes surtout, le séjour des pensionnats entraîne un autre inconvénient tout aussi grave : c'est, indépendemment des vides qu'y présente l'instruction morale, le danger des influences occultes de la camaraderie, plus fortes souvent que l'enseignement ostensible, et qui cohabitent avec lui dans une sourde et inévitable promiscuité, Telle famille a cru, en plaçant ses filles dans tel couvent, les faires élever par des religieuses, et a reconnu plus tard, pour son malheur, qu'elles s'étaient gâtées au contact de quelques drôlesses. Le pêle-mêle où se recrutent les maisons d'éducation permet aux enfants les plus mal élevés d'y devenir les corrupteurs des autres. Bien que moins à craindre pour les garçons, dont l'innocence et la pureté ne sont pas les vertus primordiales, cet entourage pernicieux ne laisse pas d'être le mauvais côté des lycées. Il serait digne d'un gouvernement soucieux de la moralité publique, et désireux de relever, en France, le caractère national qui faiblit, d'instituer des établissements modèles à l'instar des académies qui se multiplient en Angleterre, et où, grâce à l'action combinée des maîtres et d'une assistance féminine, l'enseignement dogmatique s'associât à un système de tutelle familière et de soins analogues à ceux qui sont le partage des enfants élevés par leurs parents. Des fondations de cette nature honoreraient plus le souverain qui les décréterait que le bouleversement d'une capitale pour substituer des pierres de taille à des moëllons et des palais inhabitables à des demeures plus modestes, mais plus hospitalières. En ne songeant d'ailleurs à aérer, à assainir et éclairer que les rues et les édifices, une administration prodigue des millions qui ne profitent qu'à la maçonnerie s'expose au reproche d'avoir oublié qu'une bonne hygiène ne sacrifie pas la santé de l'âme à celle du corps, et qu'il est des lumières à allumer aussi bien pour les esprits que pour les yeux.

*
* *

Les préceptes à suivre à l'égard de l'enfance par ceux qui ont charge de l'élever pourraient fournir la matière d'un volumineux traité. Contentons-nous d'inscrire ici quelques règles de conduite que des observations répétées, attentives, et une expérience de longue date nous ont amené à formuler à l'encontre de l'usage invétéré où l'on est de considérer comme sans conséquence la manière d'agir des grandes personnes vis-à-vis de ces petits êtres, censeurs plus pénétrant qu'on ne croit des imperfections et des défauts de tous ceux qui les approchent.

Les femmes ignorent généralement combien elles contribuent par leurs exemples à rendre les enfants exigeants, maussades, artificiels dans leurs discours, leurs manières et leur conduite, en manquant elles-mêmes de raison et de simplicité. Tout ce qu'on fait devant ces impitoyables critiques, aussi portés à l'imitation exagérée qu'à l'interprétation malicieuse, doit être exempt d'affectation. Ce n'est que par une gravité naturelle, soutenue sans pédanterie dans les circonstances les plus diverses, qu'on parvient à leur inculquer l'idée qu'il est des actes sérieux, des choses qui ne prêtent point à rire, et qu'on développe dans leur compréhension le germe du respect et de l'attention. La haute dignité qui distingue le véritable *gentleman* par toute la terre tient peut-être à la froideur des manifestations dont la vie anglaise apprend seule à régler la convenance et à stéréotyper le décorum. A éducation égale, l'Anglais est toujours plus distingué que le Français, parce qu'il a plus de calme et ne se livre pas à ses impressions avec l'abandon d'un pantin dont on tire les fils. La sourdine que le savoir-vivre enseigne à mettre aux mouvements du corps et de l'âme a une importance qui n'est pas assez connue chez nous, dont la familiarité et la mobilité touchent à l'abus et au ridicule sans que nous nous en apercevions, si l'on ne nous a de bonne heure refrénés dans nos facultés extrêmes d'expansion. Cette répression bienfaisante doit exclure à son début les cris, les emportements, les grimaces, les plaintes sans motif, les pleurs sans sujet légitime, et empêcher, en un mot, qu'il ne se glisse du poupon dans l'enfant et qu'il ne reste plus tard de l'enfant dans l'homme.

*
* *

On doit moins commander que persuader aux enfants, car ils voudront d'eux-mêmes, sans en attendre l'ordre, tout ce dont on leur aura démontré la nécessité.

Il faut se garder devant eux de témoigner de l'admiration ou de la curiosité pour ce qui ne doit point exciter ces deux sentiments : ainsi les meubles somptueux, les riches habits, les uniformes, les équipages, et généralement les choses dans l'estime superficielle desquelles il est fait abstraction du sens moral et de la raison.

Il est nécessaire d'habituer l'enfance à supporter sans répugnance la vue des êtres disgraciés, des défauts physiques infligés par la nature, et d'inspirer de la commisération pour toute victime d'un sort douloureux immérité.

Mais un point essentiel de l'éducation est de bannir absolument le recours au mensonge et à la duplicité aussi bien pour l'instituteur que pour l'élève. Le proverbe : *à trompeur, trompeur et demi* signale l'écueil le plus périlleux de leurs relations mutuelles. Avec la vérité, le but de l'enseignement est accessible à tous les degrés ; sans elle, celui-ci est manqué et devient pervers ou nuisible. Les maîtres et les parents, exposés continuellement à s'entendre adresser des questions indiscrètes ou scabreuses, doivent s'inspirer de la présence d'esprit d'une mère dont parle Rousseau dans *Emile*. Interrogée sur la manière dont les enfants venaient au monde, elle profita de ce que son fils, atteint d'une affection calculeuse, avait rendu des graviers qui l'avaient fait beaucoup souffrir, pour répondre que les nouveau-nés sortaient avec des déchirements analogues de l'urètre des femmes. Cette mère possédait le génie de l'éducation.

*
* *

L'éducation en commun offre des avantages pour le caractère, qu'elle assouplit et fortifie à la fois en habituant l'écolier à tirer toutes ses ressources et sa défense de sa propre manière d'être. Mais en l'isolant de la famille, dont l'influence bienfaisante n'est remplacée par aucun enseignement moral, en l'exonérant des devoirs journaliers de l'affection, en substituant un milieu artificiel au spectacle plus instructif du monde, et l'étude aride en classe à des leçons mieux appropriées aux facultés particulières de chacun, le collége paraît, en somme, plus nuisible que favorable au complet développement de l'enfance. Il applique la même mesure et le même levier à des natures essentiellement différentes. On peut le comparer à une machine qui, faite pour réduire à un volume donné des corps d'une grosseur inégale, abaisserait sur tous son niveau brutal, n'atteindrait pas les plus petits et mutilerait les autres. De pareils procédés sont légitimement employés à l'égard de la matière, mais ils sont funestes et barbares dans l'Education.

*
* *

D'après les idées reçues, ce qu'on appelle *une bonne éducation* serait capable de changer le naturel. Il n'est pas de préjugé plus déplorable. La nature a toujours plus de puissance que l'intervention humaine, et celle-ci, sous peine d'échouer dans ses efforts, ne doit s'appliquer qu'à modifier et perfectionner l'ouvrage de celle-là. Les enseignements de la vie de relation ont, en outre, toujours plus d'effet que ceux de la pédagogie, et quand cette dernière n'en tient pas compte, soit pour s'y appuyer, soit pour en renforcer le côté faible, elle s'éloigne de son but et manque à sa tâche. L'esprit de l'enfance n'est pas formé par un seul maître ou une seule influence, mais par tout ce qui l'entoure ou le surprend. Elle a l'oreille ouverte à cent, à mille précepteurs de rencontre, et les scènes du monde extérieur l'impressionnent plus vivement que les leçons préparées à son usage, fussent-elles données par les plus habiles ou les plus affectueux. Sous ce rapport, on est fondé à dire que l'imprévu ne règne pas moins dans l'éducation que dans la destinée. Le grand philanthrope anglais, ROBERT OWEN, assurait avec raison que le caractère des hommes dépend des circonstances au milieu desquelles ils sont nés et ont vécu. On sait d'ailleurs que les lois de LYCURGUE étaient fondées sur l'observation de cette vérité incontestable.

L'éducation qui cherche à étouffer l'instinct est aussi mauvaise que celle qui lui sacrifie tout. La première s'attache à l'enfant comme un carcan et ne lui laisse pas de trève jusqu'à ce qu'il en ait brisé le joug. La seconde n'agit que par la persuasion, tient grand compte des dispositions natives et ne prétend pas récolter un fruit savoureux là où il ne peut pousser qu'un légume. Car il y a des hommes de toute qualité, et il en faut.

Les journaux annonçaient, il y a quelque temps, le suicide d'un horticulteur des environs de Paris qui, ayant cherché à obtenir dans son jardin des fleurs impossibles, telles que dahlias bleus, roses noires, etc., n'était parvenu à reproduire que des espèces hybrides, de véritables monstres en botanique, qui ne conservaient rien de leurs types primitifs. Ce malheureux, désappointé dans ses espérances, n'avait pu survivre à l'insuccès de ses efforts. Après avoir été le bourreau des fleurs, il s'était sacrifié lui-même.

Bien des gens commettent sans remords un meurtre beaucoup plus cruel, qui consiste, sous prétexte d'éducation, à ne point s'inquiéter des vocations naturelles et à prétendre modeler tous les esprits dans le même moule. Le résultat de cette contrainte aveugle est de causer des mutilations et des avortements qui deviennent odieux quand il s'agit des hommes et non des plantes.

Il n'est donné qu'aux personnes qui n'ont jamais réfléchi sur la diversité et la persistances de ces vocations, de croire à la conformité de nos lois sociales avec les lois de la nature.

Et pourtant l'éducation, telle qu'elle est encore entendue de nos jours, se fait généralement sans avoir égard aux dispositions natives, aux aptitudes individuelles, et le plus souvent au rebours de celles-là. Que de talents restent en germe par suite de cette erreur fondamendale! Que d'existences demeurent stériles ou sont attristées par la nécessité de suivre une carrière en désaccord avec les sentiments, les goûts et les facultés innés! Non seulement toute l'économie de la vie en est troublée, mais l'âme, enserrée dans ces lisières, est forcée de restreindre son essor, et souffre comme l'oiseau à qui l'on a coupé les ailes.

Il n'est pourtant pas admissible que la société ait besoin ni droit de nous châtrer en masse, à tort et à travers, dans la plus noble partie de notre être, dans notre prédestination intellectuelle. Une mutilation aussi aveugle, un matérialisme aussi brutal, ne saurait, au contraire, que nuire à tout le monde, en désorganisant des rouages dont une utilisation plus savante tirerait un admirable parti. Déshérité des moyens de suivre sa destinée et de se développer dans le sens qu'elle lui traçait, l'homme déchoit de ses titres originels et devient presque une bête de somme s'il est pauvre, ou une bête à l'engrais s'il est riche!

Voilà à quels maux la phrénologie est appelée à remédier dans les pays où on la consulte.

*
* *

« Les jeunes esprits ont plus de portée qu'on n'est enclin à « le présumer, et peut-être les hommes feraient-ils bien quel- « quefois d'être aussi sérieux dans leur vie que les enfants le « sont dans leurs études. » C'est M. Guizot qui s'exprime ainsi, et sa remarque est judicieuse en tant qu'on l'applique aux écoliers studieux. Mais ceux-là sont-ils en majorité? L'attention des élèves est-elle généralement portée du côté le plus profitable à leur instruction et à leur édification? On se plaint depuis longtemps de ce qu'il n'y a plus d'enfants, leur hâte de connaître et de jouir devançant les années de telle sorte que l'adolescence, encore imberbe pour la raison, se trouve déjà mûre pour le vice. Combien de lycéens aspirent à se lancer à l'aventure dans des sentiers où les lys ne fleurissent pas ! Que de petites demoiselles, en sortant du pensionnat, ou même derrière ses grilles, ébauchent de trop précoces romans ! C'est surtout en ce qui concerne les rapports des deux sexes que, par une pruderie sociale mal entendue, il existe une fâcheuse et grave lacune dans les principes de l'éducation. Le moyen d'éclairer la jeunesse, de la prémunir contre les suggestions de ses sens, d'autant plus dangereuses que l'expérience et la réflexion se taisent devant elles, c'est de l'avertir sincèrement des malheurs et des piéges dans lesquels elle est exposée à tomber en prenant le seul instinct pour guide. Au lieu de garder un silence plus sournois encore que prudent sur des sujets auxquels d'inévitables impressions ramènent la pensée, il faudrait soulever le voile qui prête un charme idéal au fantôme de la volupté, et cache en même temps la réalité des maux qu'elle traîne à sa suite. Toute éducation qui ne s'attache pas à dissiper l'ignorance et les préjugés de l'être physique sur le milieu artificiel dans lequel il va vivre, est radicalement fausse et pleine de périls. Les impulsions organiques sont, en effet, toutes contraires à la subordination que demande la société : la nature suggère et fait envisager comme légitimes des actes que les usages et les lois réprouvent ou qu'ils assujettissent à certaines formes. Or, dans la lutte inconsidérée que la jeunesse, mal instruite des déceptions qui l'attendent, engage contre les freins sociaux pour satisfaire ses passions ou même ses sentiments intimes, l'honneur et le bonheur sont toujours destinés à succomber.

*
* *

Malgré les améliorations introduites depuis vingt-cinq ans dans l'enseignement universitaire, naguère si rétrograde et si vieillot, il demeure singulièrement incomplet et au rebours de ce qu'il devrait être. On peut presque d'un mot caractériser ses lacunes en disant qu'il prend beaucoup trop le passé au lieu du présent pour objectif. Le genre de savoir qu'il donne est surtout historique et laisse les élèves ignorants de ce qu'il leur importe le plus de connaître : le temps où ils vivent et ce qu'il réclame d'eux. Un publiciste contemporain (1) fait remarquer en ces termes le contre-sens que nous signalons : « La vie sociale des nations qui nous entourent, leur développement historique, leurs institutions, leurs lois, leurs mœurs, tout cela est condamné au silence ou à l'oubli dans notre enseignement public. L'enfant est jugé apte à comprendre les institutions grecques ou romaines; il saura les révolutions d'empires qui se sont accomplies chez les Mèdes et les Perses; on lui dira ce qu'était à Rome *la gens*, la famille patricienne, quel était à Athènes le pouvoir des archontes, à Rome l'autorité du prêteur; on lui exposera les difficultés de la loi agraire et les causes de la guerre servile; tout cela n'est, aux yeux de l'Université, que de l'histoire. Mais cet enfant, devenu homme, quittera les bancs de la Sorbonne et ceux de l'Ecole de droit sans savoir comment est constituée la famille en Angleterre et en Allemagne, ce qu'est un shérif à Londres et quelles garanties d'indépendance la Prusse féodale donne à ses fonctionnaires. Ce jeune homme pourra suivre tous les efforts de la pensée humaine depuis Socrate et Platon jusqu'aux sophistes de l'école d'Alexandrie; mais il ignorera les cent modifications diverses que la liberté humaine a fait subir en Amérique au christianisme; parce que s'il est bon que l'élève de nos universités puisse s'entretenir chez les morts avec les génies du passé, il ne faut pas le rendre capable de converser, hors de son pays, avec les vivants. »

Dans la discussion de la loi sur le recrutement de l'armée (Séance de l'Assemblée nationale du 21 juin 1872), un des prélats qui sont la lumière de l'Église catholique en France, Mgr l'évêque d'Orléans, auteur d'un livre très-remarquable sur l'éducation de la jeunesse, a critiqué avec raison le mode d'enseignement adopté par l'Université; mais ses critiques auraient pu porter aussi bien sur le fond de cet enseignement que sur l'âge trop précoce auquel il est, en général, donné et s'adapte mal. C'est, en effet, peu rationnel de faire apprendre

(1) M. de la Ponterie.

le latin à des enfants de sept ans, de leur développer à quatorze ans les secrets de la rhétorique, de leur exposer l'année d'après les systèmes de la philosophie, et de s'imaginer avoir ainsi préparé leur accès au baccalauréat, quand l'expérience démontre chaque jour qu'à cet âge nos enfants ne savent suffisamment ni leur propre langue, ni celles qu'on a prétendu leur montrer, ni l'histoire, ni le calcul, ni la géographie. L'honorable évêque n'a pas eu de peine à établir qu'à quinze ans les idées, les facultés sympathiques, analytiques et philosophiques, le raisonnement, en un mot, ne sont pas assez formés pour admettre et garder une instruction d'ordre supérieur. « Pour un bachelier de plus dans le monde, » s'est-il écrié, « il y a un homme de moins, et voilà cinquante ans que la France se ruine à ce marché de dupes. On lui promet des hommes et l'on n'arrive qu'à lui livrer des bacheliers ! » Là dessus un des membres de la Commission de l'Assemblée, M. Bethmont, remarqua que la tendance de notre époque est de faire vite, et plutôt vite que bien. Les parents, les jeunes gens eux-mêmes sont pressés de voir se produire les résultats de l'éducation; une foule de circonstances, l'intérêt des familles, celui des individus exigent que les jeunes gens soient de bonne heure aptes à gagner leur vie en appliquant le plus fructueusement possible leurs connaissances acquises.

A ce point de vue, il faut le dire, la tutelle universitaire nous paraît avoir fait son temps et ne plus répondre aux besoins du siècle, si tant est qu'elle ait jamais eu de l'utilité. Dans une nation industrieuse et vouée au travail, les études dites *classiques* ne sont à proprement parler que des études d'amateur appelé à vivre de ses rentes et qui croirait pouvoir se dispenser de rien approfondir. Nous préférons de beaucoup à cette éducation superficielle et improductive l'enseignement libre et spécial que les jeunes Américains des États-Unis choisissent et vont recevoir hors de leur famille en vue de la carrière à laquelle ils se sont spontanément destinés. Des écoles publiques à très-bas prix dispensent les éléments de l'instruction que chaque élève a ensuite à compléter et perfectionner sous la direction d'un chef d'atelier, d'industrie, de comptoir, ou de professeurs de telle ou telle science, dont les cours sont, pour une faible rétribution, ouverts à tout le monde et même aux femmes. Chaque État n'intervient dans l'instruction que pour doter et entretenir les écoles et les institutions dont l'existence a été reconnue, par son Assemblée législative, nécessaire ou favorable à l'enseignement, sans que jamais elles puissent prétendre à un privilége ou à une exclusion au détriment de leurs concurrentes. On sait qu'en Amérique l'Église est libre dans l'État libre et qu'ils ne cherchent jamais à empiéter l'un sur l'autre. Cette séparation semble devoir bientôt s'imposer à l'Europe, où les inconvénients et les dangers de l'immixtion des choses sacrées dans les choses profanes et réciproquement sont de plus en plus évidents.

*
* *

Les préjugés universitaires, en vertu desquels on enseigne aux enfants deux langues mortes et la superficie des sciences en huit ans, ont un inconvénient plus grave que d'exposer la plupart des élèves à une perte de temps considérable : c'est de leur inculquer des idées tout aussi mortes que les idiomes dans lesquels elles sont exprimées. Il faut ensuite pour les oublier plus d'années qu'on n'en a mis à les apprendre. Sur beaucoup de points, en effet, les anciens, ceux-là même qu'on regarde comme des maîtres dans l'art de dire et de penser, et qu'on propose pour modèles à la jeunesse, professaient des opinions qui seraient insoutenables aujourd'hui. Voici, par exemple, en quels termes Aristote parlait de l'esclavage, dans son traité de Politique (Livre Ier, chap. 2, § 14) :

> Il y a peu de différence entre les services de l'homme et ceux de l'animal. La nature même le veut ainsi, puisqu'elle fait le corps des hommes libres différents de ceux des esclaves, donnant aux uns la force qui convient à leur destination, et aux autres une stature droite et élevée. Il est donc évident que les uns sont naturellement libres et les autres naturellement esclaves, et que, pour ces derniers, l'esclavage est aussi utile qu'il est juste.

Non seulement Aristote, qui est le plus sage esprit de l'antiquité, mais Platon, Xénophon, Plutarque, Tite-Live, Quinte-Curce, Pline, et après ces écrivains sérieux, tous ceux qui n'ont cherché que la gloire et l'agrément, non la *vérité* dans la culture des lettres, ont encombré la littérature classique d'un amas d'erreurs qui a reculé et retarde encore l'avénement du bon sens public.

*
* *

Les programmes des connaissances requises pour l'admission des candidats aux écoles du Gouvernement ne seront pas, un jour, les moins curieux documents de l'histoire contemporaine. On y reconnaît la tendance matérialiste du siècle dans l'exclusion de toute trace d'enseignement *moral*. L'éducation publique développe plus ou moins la mémoire et les talents ; mais elle ne cultive pas, elle n'admet pas, elle méconnaît l'intégralité de l'*âme*. Les facultés purement réceptives et perceptives constituent pour elle tout l'*esprit*, et s'il en existe de supérieures. dont l'aptitude correspond aux conditions les plus essentielles de la sociabilité, l'Université l'ignore : elle ne s'attache point à former des hommes ; il lui suffit de fournir à l'État des instruments professionnels. Le monopole universitaire, qui aurait sa raison d'être dans une communauté où l'intérêt général et la solidarité seraient la base du droit, offre plus d'inconvénients que d'avantages dans une société morcelée, inorganique et moralement anarchique, où il n'y a guère moins de points de vue différents que d'individualités. En France, sous le régime de la centralisation, où l'autorité administrative est partout prédominante, et se montre si jalouse de l'initiative des particuliers qu'elle finit par l'étouffer, la liberté illimitée de l'enseignement servirait de soupape à ce système de compression continue, et assurerait du moins à chacun le moyen de s'instruire, suivant ses facultés, des choses que l'enseignement officiel laisse ignorer.

*
* *

L'usage universitaire de décerner des prix aux vainqueurs d'une seule épreuve de composition est une grande source de déceptions. C'est à celui qui remporte toujours l'avantage sur ses concurrents, et non à celui qui en triomphe une fois par hasard que la récompense devrait être accordée. Mais, en approfondissant la question, il conviendrait d'examiner si, par ces appels à l'émulation au moyen de distinctions flatteuses pour la vanité et peu significatives, au fond, quant au mérite, on ne développe pas une tendance malheureuse du caractère humain. L'amour-propre n'atteint si souvent des proportions nuisibles dans l'homme que pour avoir été trop cultivé dans l'enfant. Au lieu de stimuler ce besoin de louange et d'approbation si fatal à l'égalité et au bonheur du plus grand nombre mieux vaudrait habituer la jeunesse à l'idée qu'on n'a pas de couronnes à recevoir pour faire son devoir et savoir sa leçon. Ces prix et ces insignes, prodigués dans l'enseignement, échauffent l'ambition et faussent l'esprit, en l'abusant sur sa portée : ils font apercevoir l'infériorité là où il n'existe que des différences, et corrompent l'éducation en y entretenant un principe de lutte et d'envie.

Dans son remarquable tableau de la littérature au XVIIIe siècle, M. de Barante a eu raison contre Rousseau en disant, à propos de l'*Émile*, que loin de se donner tant de mal pour cacher à l'enfant les épines de l'étude et de la vie, on doit plutôt s'attacher à fortifier son courage et à persuader son esprit que si le calice est amer, il n'en faut pas moins le boire. En dehors de l'accomplissement du bien pour le bien, sans autre intérêt que celui du devoir et de l'ordre, il peut y avoir du zèle, des efforts et des succès ; mais il n'y a ni conscience ni morale.

*
* *

Il est peu d'instituteurs qui soient au niveau de leur tâche, et un traité didactique de l'enseignement qui soit pleinement satisfaisant est encore à paraître, nonobstant la multitude d'ouvrages prétendant à cette qualité. Celui qui, par son esprit du moins, a le plus approché de la perfection en ce genre est peut-être le *Cours de langue* de M. Claude Michel, l'honorable professeur auquel l'Académie des Sciences morales et politiques, a décerné, en 1870, le prix fondé par M. Alphen pour récompenser les services rendus à l'enseignement primaire.

Dans ses cours élémentaires ou supérieurs, M. Michel n'a pas entendu seulement apprendre la grammaire aux élèves : « Nous nous y proposons, dit-il, de faire servir l'enseignement de la langue à l'éducation de l'enfant, c'est-à-dire à son développement intellectuel et moral..... Pour nous, la langue est la matière première; l'*éducation* en est le but; la *grammaire* n'est que l'instrument, et nous prenons pour point de départ l'état des connaissances que possède l'enfant au moment où il commence les études de grammaire. A mesure que nous lui apprenons à distinguer, à séparer, à classer les mots, nous lui apprenons en même temps à démêler, à ordonner, à classer ses idées. A mesure que nous lui enseignons un nouveau signe, un nouveau tour pour rendre une idée nouvelle, un sentiment nouveau, nous faisons appel à sa raison et à sa conscience, pour apprécier la valeur morale de ce sentiment et de cette idée. Ainsi le *Cours de langue* devient un véritable cours de logique pratique, de raisonnement, de bons sens. »

Ces idées sont aussi justes que fécondes, et elles paraîssent appelées à devenir la base de l'éducation privée et publique.

*
* *

En matière d'enseignement il ne faut pas s'exagérer la valeur des systèmes : ce sont des moules dont le suprême mérite consiste à s'adapter à la diversité des esprits plutôt qu'à les rebuter. N'en déplaise aux Académiciens présents, passés et futurs, et aux profès de la pédagogie, la pénétration et la justesse ne s'inculquent pas plus à l'intelligence, par des procédés infaillibles, que l'imagination ou l'esprit. C'est la nature seule qui les donne. Quand des lettrés et des savants comme Proudhon (grand logicien d'ailleurs) viennent me vanter la supériorité de la méthode Hégélienne sur la philosophie scolastique ou toute autre, je m'étonne d'une pareille naïveté, qui suppose qu'on ignore les lois de l'organisation mentale de l'homme. Ne voir, en effet, dans les idées et dans les doctrines que des résultats mathématiques particuliers à certains modes d'enseignement, c'est ne pas savoir que l'entendement ne relève d'abord que de lui-même, et obéit avant tout à des affinités intimes, à des attractions secrètes. L'axiome de LOCKE sera éternellement vrai : *Nihil est in intellectu quod non prius fuerit in sensu.* La préférence donnée par l'écolier à un maître et à un dogme est une conséquence de ce principe. On croit faire preuve de décision, acte d'élection en s'attachant à telle ou telle secte, et l'on cède à la persuasion raisonnée d'une force latente. C'est ainsi que sans initiation préalable, et nonobstant la diversité des origines, des exemples et des éducations, les esprits se groupent autour du foyer qui correspond à leur essence. Les écoles distribuent des programmes, proposent des solutions et des mots de ralliement ; mais aucune n'assure à ses disciples le monopole de la sagesse ni même la supériorité de dialectique. La génération intellectuelle ou physique ne peut garantir la parfaite conformité de ses produits. SOCRATE, qui avait formé PLATON, trouva moins en lui un continuateur qu'un émule. En tout état de cause, le génie et le talent sont des dons personnels, qui ne dépendent pas plus du catéchisme de l'enseignement que l'amour ne se mesure d'après le mérite de son objet, ou l'intensité de la vitesse d'après le système du moteur.

Un livre qui traite de la *tête humaine*, si incomplet qu'il soit, ne pouvait passer sous silence les conditions premières de l'éducation. Rappelons, en finissant, ces paroles d'un grand esprit :

« Pas de plus puissante urgence que celle de l'enseignement gratuit et obligatoire. Le présent pèse, mais passe ; tournons les yeux vers ce grand lendemain qui attend la civilisation ; préparons-le. L'enfant, voilà la question suprême. L'enfant a dans son berceau la paix ou la guerre de l'avenir. C'est de ce berceau qu'il faut chasser les ténèbres. Faisons lever l'aurore dans l'enfance. Vingt-cinq années d'enseignement gratuit et obligatoire changeront la figure du monde.

L'enfant c'est l'avenir. Ce sillon-là est généreux ; il donne plus que l'épi pour le grain de blé. Déposez-y une étincelle, il vous rendra une gerbe de lumière. Pour faire un citoyen, commencez par faire un homme. Ouvrons des écoles partout. Quand on n'a pas en soi la lumière intérieure que donne l'instruction, on n'est pas un homme, on n'est qu'une bête du troupeau multitude, qui se laisse faire, et que le maître mène tantot à la pâture, tantôt à l'abattoir. Dans la création humaine, ce qui résiste à la servitude, ce n'est pas la matière, c'est l'intelligence. La liberté commence où l'ignorance finit. »

(*Extrait d'une lettre de Victor Hugo sur l'Enseignement obligatoire* 1863).

DEUXIÈME PARTIE

PHYSIONOMIES DE PERSONNAGES CÉLÈBRES

ANCIENS ET MODERNES

ÉCLAIRÉES PAR LA PHRÉNOLOGIE (1).

« In Ajax and Ulysses, O what art
« Of physiognomy might one behold !
« The face of either cipher'd either's heart :
« Their face their manners most expressly told;
« In Ajax eyes blunt rage and rigour roll'd
« But the mild glance that Ulysses lent
« Shew'd deep regard and smiling govern-
[ment. »

(*The Rape of Lucrece*).

Shakspeare.

Les têtes des hommes remarquables ne rendent pas seulement témoignage de leur race, de leur naturel, de leur génie, de leurs habitudes : elles révèlent souvent jusqu'à l'esprit de l'âge où ils ont vécu. Les indices physionomiques embrassent ainsi un champ aussi vaste que le monde et le temps. Le buste de CÉSAR et celui de BYRON, marqués de tant de traits dis-

(1) Les noms des personnages dont les portraits accompagnent le texte sont imprimés en *capitales*.

tincts, appartenant chacun à un ordre de choses et d'idées contraires, sont, dans leur *expression*, comme dans l'histoire, séparés par vingt siècles d'intervalle. A contempler de près, à suivre dans son développement l'homme physique et moral, synthèse approximative de chaque époque, on reconnaît que l'esprit humain a sa chronologie comme la civilisation. La perfectibilité, lente à se montrer dans les masses, confuse dans les symptômes généraux, apparaît sous des signes nouveaux dans toutes les grandes individualités qui caractérisent les diverses phases de l'humanité, progressive en dépit de ses défaillances, et toujours prête à marcher sur les traces du plus hardi, du plus vaillant, de celui qui lui montre le chemin. Cette disposition, dont l'ambition et les calculs du pouvoir ont souvent abusé, n'implique-t-elle pas la faculté de se rallier au bien dès qu'il exercera l'ascendant du génie ? Il n'a été donné à aucun faux prophète de s'arroger sur les consciences autant d'empire que la vérité en prendra dès qu'elle sera reconnue et acceptée, ne fût-ce que d'une importante minorité.

Les physionomies des personnages célèbres de l'antiquité diffèrent essentiellement de celles des grands hommes modernes. En contemplant les statues des anciens, il faut se rappeler qu'on a sous les yeux l'élite de la société païenne, le ciseau de la statuaire n'étant pas depuis longtemps à la discrétion des plus vulgaires mortels. Ces figures de sages et de héros grecs, d'empereurs romains plus glorieux que sages, sont vraiment remarquables par le développement osseux du cerveau, renflé dans les parties latérales et postérieures, par l'impassibilité de la face. Cette dernière ne trahit presque jamais une sensibilité prononcée, si ce n'est dans DÉMOSTHÈNE, POSIDONIUS, et quelques autres. On sent, en les regardant, que le christianisme n'a pas encore accompli sur les âmes ce travail de remodelage d'où sortirent plus tard une animation, un idéal supérieurs. Les belles têtes de notre temps se distinguent surtout de celles de l'antiquité en ce qu'elles offrent, avec un ensemble moins imposant, avec moins de régularité dans les traits, une *expression* particulière, une individualité plus accusée. Elles décèlent, dans leur galbe plus tourmenté, des préoccupations, des impressions inconnues aux anciens, une originalité qu'éteint à la longue la vie publique, et promptement effacée sur le *Forum*, où le peuple des républiques antiques, passionné et calmé tour à tour à la voix de quelques meneurs, n'avait, comme les galets de l'Océan, qu'à se laisser rouler en masse au gré des marées alternantes soulevées par les ambitieux et par les tribuns.

On a pu observer souvent que la ligne droite et le contour péniblement formé, éléments du dessin primitif, se retrouvent, avec leur gaucherie froide et raide, jusque dans l'exécution des anciens bustes, où ils semblent comme appropriés au sujet. Ultérieurement, tant de combinaisons et de raffinements sont survenus à la fois dans l'art et dans le modèle, que le résultat ou l'œuvre, passant du simple au composé, échappe davantage à l'analyse. C'est un caractère nouveau qui apparaît dans la plastique, et dont l'antiquité n'avait ni l'intelligence ni l'exemple, ni, par conséquent, l'imitation.

Les visages des anciens ne doivent, en définitive, qu'à leur régularité, condition de beauté relative, l'avantage d'être plus impénétrables que les nôtres. Les passions, chez ces hommes d'airain, ne subissaient pas cette fermentation sourde et prolongée qui produit leur épanouissement involontaire et extérieur dans une société plus artificielle et plus contrainte. Ces passions, d'ailleurs, moins nombreuses et moins complexes, toutes tendues vers l'action, s'enflammaient moins pour des principes que pour des faits. Les idées sur lesquelles l'antiquité a vécu, sont, en effet, peu nombreuses et peu savantes.

On peut donc dire que, généralement, ce qui ne se trahit pas dans la physionomie des personnages de ce temps, n'était point dans leur âme. L'expression invariable de calme que leurs figures présentent n'emprunte rien à la dissimulation : elles sont graves et fortes, ou insensibles, parce que la pensée intime et les habitudes de la vie le voulaient ainsi. Les conquêtes de la civilisation, l'accumulation des connaissances, source d'une amélioration graduelle dans l'existence qui a servi de contrepoids à la dégénérescence physique, enfin le développement de sentiments jadis presque inconnus, ont enrichi de cordes nouvelles l'instrument d'abord réduit à la plus simple conformation. En augmentant de timbre et de sonorité, il a pris une forme plus compliquée. Lyre toujours imparfaite malgré les perfectionnements qu'elle a reçus, l'âme humaine ne répète un chant que pour préluder à un autre, et ne trouve jamais d'harmonie qui la satisfasse pleinement.

C'est seulement dans les images des hommes d'intelligence qu'il faut chercher les variations et les progrès de l'expression de la figure humaine. En tout temps, le visage de l'homme inculte et livré à ses plus bas instincts n'a été qu'un masque grossier où la chair revêt une apparence hébétée, sinon repoussante. VITELLIUS, par exemple, ressemble à s'y méprendre à de gros bouchers du XIXe siècle qu'on a quelquefois rencontrés déguisés en sapeurs quand il y avait une Garde Nationale. Les empereurs romains sans vertu et sans génie ont la mine vulgaire à l'égal d'Hercule et de ces autres divinités de l'Olympe dans lesquelles nos portefaix auraient le droit de se reconnaitre, un peu flattés. L'Apollon du Belvédère lui-même, admirable de corps, pose sur son socle de marbre avec une physionomie dont la nullité et la mollesse déplaisent à ceux des amateurs du beau qui ne font pas consister le mérite des formes dans la régularité des traits, dans une heureuse chute de reins superposée à une paire de tibias bien musclés. Nous avouons, pour notre part, que cette beauté banale et purement matérielle de l'antique nous devient presque odieuse par le rapprochement qu'on en peut faire avec les productions de l'art spiritualisé. La différence que nous signalons dans deux esthétiques d'âges si inégaux nous apparaît d'ailleurs également quand nous comparons des portraits de personnages éminents de nos jours au spectacle peu instructif et trop fréquent des faces contemporaines insignifiantes.

Tandis que le commun des mortels n'offre rien de remarquable dans son aspect, diversifié à l'infini sans cesser d'être ordinaire, il y a dans celui des grands hommes, des natures supérieures en quelque genre que ce soit, des signes qui brillent comme une auréole quasi-divine. On sent, en s'approchant de celles-ci qu'elles excèdent l'humanité de *tous les jours*, dont elles présentent le type exquis et le plus haut degré de perfection intellectuelle ou morale. L'art du peintre et du statuaire contribue, il est vrai, en idéalisant le modèle, à relever singulièrement son expression. Parfois, après avoir admiré l'ouvrage, on est péniblement surpris des imperfections de l'original; mais l'art, en résumé, ne fait que rendre à la nature ce qu'il en a reçu, et les interprétations les plus heureuses lui empruntent, en grande partie, le mérite ou l'éclat qu'on y trouve. Cette observation est vraie surtout à l'égard des portraitistes, qui, astreints à la ressemblance ne peuvent s'abandonner à leur fantaisie. Pour contester ce que le visage humain renferme par lui-même de lumières et d'ombres significatives, et d'indices aussi indiscrets qu'éloquents, il faudrait n'avoir jamais su y lire, et être demeuré Béotien au sein d'Athènes.

PERSONNAGES ANCIENS.

Les études qu'on peut faire sur les physionomies des anciens, au Musée des Antiques à Paris, rencontrent un grand obstacle dans l'ignorance profonde de l'Antiquité relativement aux fonctions du cerveau et aux indices très-significatifs que sa conformation recèle. La statuaire grecque, en rendant avec amour les formes du corps humain, n'y voyait de beauté que dans l'harmonie générale : elle ne s'est point préoccupée du caractère des figures, alors même qu'elle avait à représenter des Dieux. La tête et les traits, doués d'une puissance de manifestation si importante, n'étaient pour elle qu'un détail de l'œuvre, dont l'exécution ne laissait rien à désirer dès que les *proportions* en étaient observées. Cette inaptitude spéciale, indépendamment des considérations exposées plus haut, eût suffi pour qu'on ne trouvât presque aucune figure de statue antique ayant une *expression* physionomique à elle. L'insignifiance de visage prêtée conventionnellement, par le ciseau des Grecs, aux divinités païennes, a même permis aux modernes d'en faire servir le type banal à personnifier, sans invraisemblance, tout ce qu'ils ont voulu. Les plus grands hommes d'Athènes et de Rome ont été sculptés à leur tour dans ce système de glorification de la chair à l'exclusion de l'idée; aussi plusieurs de ceux que nous voyons au Louvre portent-ils sur leurs épaules des têtes d'une petitesse impossible, des têtes que l'artiste a indiquées plutôt qu'achevées. Nous ne nous arrêterons qu'à celles qui méritent examen.

SOCRATE

Le buste de SOCRATE, dont les traits sont depuis longtemps populaires, grâce à une inappréciable relique de l'art antique, présente une conformation de tête qui, en raison de sa hauteur, serait exceptionnelle même dans un musée de Phrénologie. Chez les anciens, comme parmi les modernes, la région coronale du crâne, siége des sentiments les plus élevés, est ordinairement peu développée, tandis que le renflement des lobes postérieurs, et l'espace considérable qui existe entre les deux oreilles, attestent l'asservissement de l'esprit aux passions brutales et égoïstes. Les grands hommes de l'antiquité échappent seuls à ce cachet de matéralisme natif, sans contre-poids dans leur état de civilisation. Quand on observe le relief qu'offrent, dans SOCRATE, les facultés intellectuelles et celle de la *vénération* et du *merveilleux*, on s'explique l'esprit familier dont il parlait, et le théisme abstrait par lequel il semble avoir, le premier avec PLATON, préludé au spiritualisme. La noblesse de son beau front de penseur, auquel a ressemblé depuis celui de BACON, relève ou efface ses traits de satyre. Nulle tête ne présente un exemple plus frappant du désaccord qui peut exister entre la signification du visage et celle du crâne, et aucune ne fait mieux sentir la supériorité de la *phrénologie* sur la *physiognomonie*, considérées toutes deux comme moyens de révélation de l'homme intérieur.

HIPPOCRATE

Un autre buste, bien connu, est celui d'HIPPOCRATE. Chez ce père de la Médecine, la tête et la physionomie sont sévères, mais harmonieuses. Sage, prudente, essentiellement investigatrice et dépourvue de poësie, accessible pourtant au *merveilleux*, dont elle tient en partie sa vocation scientifique, cette nature honnête, attentive, positive et laborieuse, n'a d'ailleurs été que médiocrement douée de méthode et de *causalité*, c'est-à-dire de puissance de systématisation. HIPPOCRATE était, comme disent les Anglais *a matter of fact man, a very clever man*. S'il est juste de reconnaître qu'il a fondé l'art de traiter les maladies plutôt que de les guérir, il faut avouer que ni lui ni ses successeurs jusqu'à nos jours n'en ont su asseoir définitivement les bases. Il y a toujours eu plus d'empirisme que de certitude dans cet art, ce qui n'empêche pas la plupart de ses adeptes d'être des adversaires ou des détracteurs de la Phrénologie, sous prétexte qu'elle manque de vérité, assertion fausse.

DÉMOSTHÈNE

La statue assise de DÉMOSTHÈNE, chef-d'œuvre admirable et l'un des plus beau morceaux de sculpture antique que nous ayions, fournit une nouvelle confirmation des princiqe de la science de Gall et de ses continuateurs. On sait que le grand orateur ne brillait pas par le courage; or, la position des oreilles, sensiblement écartées de la tête, correspond à cette particularité de son caractère, en révélant l'amour prononcé de la vie. Le front réunit les organes qui donnent à la pensée la justesse, l'enchaînement et la solidité ; on y reconnaît une grande puissance de logique, mais peu d'idéal. Personne n'ignore qu'en effet ce beau génie, éminemment apte à traiter de tous les intérêts de l'État, a fait consister l'éloquence dans l'art de donner de bons conseils à son pays. La tradition de ce genre de mérite n'a guère survécu dans l'éloquence moderne, laquelle a prodigieusement divagué.

ZÉNON

La tête de ZÉNON, le fondateur du stoïcisme, plus ample que celle de DÉMOSTHÈNE, s'en rapproche pourtant par son galbe antérieur. On y trouve également l'indice d'une grande puissance de raisonnement, mais avec un esprit plus élevé, plus vaste, plus généralisateur. L'attache des oreilles est encore, ici, très-significative : serrées, et, pour ainsi dire, collées aux parois latérales du crâne, elles révèlent peu d'attachement à l'existence, disposition qui, exaltée par des sentiments très religieux, dans la véritable acception du mot, a dû, dans cette âme supérieure, être le principe de l'austère philosophie du renoncement aux jouissances et du mépris des maux. La hauteur des pommettes s'accusant fortement sur des joues maigres et allongées annonce d'ailleurs, dans ce héros de vertu, un manque absolu de sensualité. C'était plus qu'un sage et un *doctrinaire* dans le sens académique de ces qualifications, appliquées de nos jours à beaucoup de pédants graves, mais sans portée.

EPICURE

Dans EPICURE, dont la douce et sage philosophie a été travestie et calomniée à dessein, les facultés perceptives étaient remarquablement développées et associées à un puissant intellect. Un tel esprit a dû faire ses délices de la pratique de l'*observation* et de sa propre culture. L'aplatissement de la région sincipitale accuse une tendance prononcée au pyrrhonisme et l'affranchissement de toute autorité. Le resserrement des tempes, la délicatesse de la bouche annoncent plus de raffinement que de sensualité, tandis que le nez proéminent, un peu arrondi à son extrémité, décèle un naturel expansif, éminemment sociable, qui a besoin de s'épanouir librement. On remarquera que tous ces signes extérieurs concordent parfaitement entre eux et avec ce qu'on sait d'EPICURE, esprit d'élite, caractère aimable et conciliant, dont le monde moderne aurait dû mieux comprendre et suivre les leçons.

DIOGÈNE

Le buste de DIOGÈNE ne donne pas moins raison à la Phrénologie. On sait qu'une des particularités de l'organisation mentale de ce cynique était l'absence absolue de toute considération de respect humain. Or, un vide notable, à la place des protubérances de l'*estime de soi* et de la *vanité,* explique à la fois ce dédain de l'opinion et ce défaut de dignité personnelle. D'autres causes y contribuent et se font lire couramment sur cette tête caractéristique : l'*érotisme* y domine ; les facultés perceptives et l'*éducabilité* sont faibles; l'*idéalité,* principe d'élégance et de raffinement, n'existe pas. Enfin la physionomie, belle d'ailleurs, mais où le nez, prenant capricieusement chez ce grec la forme aquiline ou romaine, semble ains s'être trompé de visage, paraît appartenir à un autre pays. On y devine avec un peu de perspicacité le type précurseur du chiffonnier philosophe et du vaurien *socialiste*. DIOGÈNE est, en outre, le père naturel du gamin de tous les temps, et l'ancêtre, par conséquent, d'une vilaine race, dont l'enfance réfractaire à tout frein, rebelle à toute foi, a besoin que l'école devienne au plus tôt le complément obligatoire de l'atelier (1).

Après avoir rapidement esquissé ces personnages de la Grèce, illustrations toutes pacifiques puisqu'elles ont dû leur renom à la philosophie, à la science et aux seules facultés du caractère ou de l'esprit, nous arrivons, en continuant de descendre le cours des siècles, à des célébrités d'un autre ordre : celles qui appartiennent à la glorieuse capitale de l'empire romain.

---

(1) L'obligation où a été le dessinateur de présenter à l'œil les personnages de manière à ce qu'on en distinguât surtout les traits, la physionomie et l'ensemble de la tête, est cause que certains détails de leur conformation phrénologique ne peuvent paraître dans la gravure. Il en est ainsi, par exemple, du creux sensible qui, dans la statue de Diogène, au Musée des Antiques, s'accuse en haut de la région occipitale.

CÉSAR

Le musée du Louvre possède plusieurs bustes et statues de CÉSAR; mais l'exécution en est si défectueuse ou si contradictoire dans sa diversité qu'il est impossible d'y voir une image fidèle de ce grand homme. La décadence de l'art grec y est manifeste. Les monnaies ou médailles frappées à l'effigie du premier empereur n'en donnent pas une idée plus nette ; plusieurs portraits, faits d'après elles pour différentes éditions de Plutarque, ne se ressemblent pas. Le plus authentique, ou du moins celui qui passe pour tel, nous le représente avec des traits durs et anguleux, des mandibules décharnées, saillantes et carrées, un menton presque aigu, et un profil osseux qui dénote une organisation sèche et bilieuse, comparable à celle qu'offrit depuis BONAPARTE, premier consul. Le développement du cerveau est énorme; la région de l'intelligence y occupe un espace plus vaste peut être qu'en aucune autre tête ancienne ou moderne. Si l'on s'en rapporte à cette figure, CÉSAR serait l'homme le plus extraordinaire qui ait existé, car l'*universalité* du génie en est la qualité la plus rare. Il ne trouverait guère, dans l'histoire, d'analogue que dans le grand FRÉDÉRIC, dont le visage se rapproche de celui-ci par la proéminence acérée des os de la face, par l'ampleur et le contour du front, comme, aux mœurs près, ces deux héros couronnés se ressemblent aussi sous leur quadruple laurier d'hommes d'état, d'hommes de guerre, d'hommes de lettres, et d'adeptes fervens de l'art.

AUGUSTE

Une intelligence ordinaire asservie aux passions; une convoitise insatiable; une circonspection poussée jusqu'à la peur d'agir ouvertement, même au faîte de la puissance, et s'armant par instinct de tous les détours de la ruse, ce qui rendait ce caractère défiant et ténébreux plus à craindre que n'eût été l'audace; enfin l'amour du luxe et de la grandeur, telles sont les dispositions que révèle la large tête d'AUGUSTE. Cette ambitieuse nature, qui fût restée médiocre sans un concours de circonstances heureuses, a, comme Louis XIV, dont les traits la rappellent, reçu du rang suprême un reflet de génie qui n'était qu'emprunté.

TIBÈRE

On ne s'attendrait pas à trouver dans TIBÈRE une belle et noble physionomie; mais l'attrait en est diminué par l'aspect des régions postérieure et latérale du cerveau, où s'accusent en relief, et dans de monstrueuses proportions, tous les vices du tyran de Caprée. Sa tête n'en est pas moins celle d'un homme supérieur, et l'on sait, en effet, qu'il ne manquait pas de génie, bien que ce soit de son règne que data le véritable despotisme des empereurs romains.

CALIGULA

L'organisation de CALIGULA, moins puissante et non dénuée de finesse, décèle plutôt un impitoyable railleur et un impérieux égoïste qu'un bourreau de cruauté; mais sur le trône, et, à cette époque, les orgies commencées dans le vin finissaient dans le sang, et la joie n'allait pas sans un peu de meurtre. La figure de cet empereur, remarquablement jolie et presque efféminée, malgré la décision empreinte dans sa partie inférieure, donne un formel démenti aux inductions favorables qu'on est porté à tirer de la beauté. TIBÈRE avait eu coutume de dire qu'il élevait dans CALIGULA, son successeur, un serpent pour le peuple romain et un Phaëton pour le reste du monde.

NÉRON

Un bel extérieur se rencontre aussi, bien qu'à un moindre degré, dans NÉRON, bête féroce aux traits humains assez réguliers, dont la bouche est toutefois d'une sensualité outrée. Un empâtement précoce altéra et alourdit cette physionomie boursouflée de viveur blasé, pour qui la toute puissance n'était qu'un moyen de se plonger impunément dans d'infâmes jouissances. La partie postérieure de son cerveau était énorme, et telle était la prédominance de ses instincts brutaux qu'elle excluait toute impulsion généreuse et toute moralité. Ce fut l'animalité portée, par le concours de l'organisme viril et du pouvoir suprême, à son maximum de malfaisance.

TRAJAN

Plusieurs statues de TRAJAN le représentent avec une tête dont le sommet semblerait avoir été déprimé par une mutilation artificielle. Ce crâne aplati et de pure convention n'ayant jamais pu appartenir à un homme doué de la plus petite dose de raison ni de sentiment, il est impossible d'y prêter attention. C'est une erreur de la statuaire tirée à un trop grand nombre d'exemplaires. Le portrait que l'on voit ci-dessus paraît être le moins défectueux des effigies de ce monarque, auquel on avait décerné le surnom d'*Optimus,* mais qui unit à de grandes qualités et à des talents supérieurs des vices dont on rougirait aujourd'hui, en pleine décadence de mœurs.

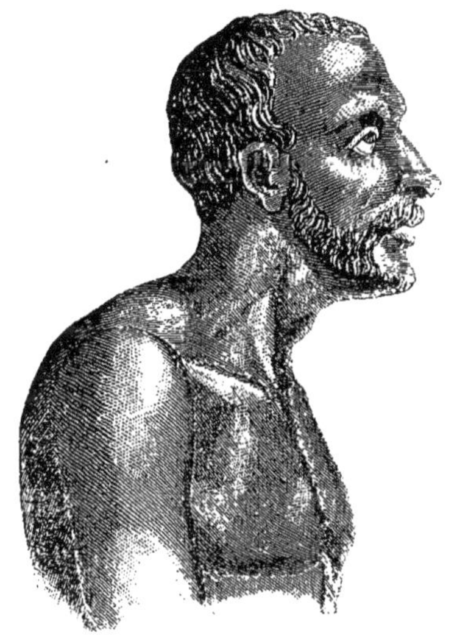

POSIDONIUS

Quand, après avoir contemplé ces empereurs de sanglante mémoire, dont la plupart n'ont été que des scélérats couronnés, on vient à apercevoir la statue en marbre noir de POSIDONIUS le stoïque, un des chefs-d'œuvre du Musée, il faudrait être bien insensible au langage des formes pour ne pas admirer le contraste que la nature a mis jusque dans l'enveloppe mortelle des *bons* et des *méchants*. La haute tête de ce philosophe, sorte de martyr païen dont le christianisme eût fait un saint, manifeste l'élévation de l'âme autant que les précédentes en décélaient la dureté. C'est l'esprit qui apparaît à son tour, presque dégagé de la matière. Celle-ci, en régnant sur eux, changeait en esclaves les maîtres du monde ; asservie dans ce frêle podagre à face de mendiant, elle y reconnaît le véritable souverain.

On sait que POSIDONIUS était goutteux. Durant un accès terrible de cette maladie, visité par POMPÉE qui le vénérait, on assure qu'il s'écria : « Tu as beau faire, douleur, tu ne me forceras pas à convenir que tu sois un mal. » En rapportant cette parole qui, si elle trahit l'orgueil, montre en même temps la puissance de la volonté, notre vieux MONTAIGNE ajoute avec une ironie naïve : « *Ferons nous croire à notre peau que les* « *coups d'étrivières la chatouillent?* »

Une autre remarque à faire sur ce podagre de POSIDONIUS, c'est qu'il était abstème par principe et par goût, et maigre comme un squelette. Or, un préjugé populaire et médical invétéré veut que tous les goutteux soient gourmands et chargés d'embonpoint. Cette opinion est démentie par une foule d'exemples, aussi bien, pour le dire en passant, que la théorie de la Faculté pour expliquer les causes de la goutte.

PERSONNAGES DU MOYEN AGE

ET DES TEMPS MODERNES

Pour arriver à la suite des portraits authentiques que nous avons à étudier ici, et que la peinture, au lieu de la sculpture, va nous offrir désormais, il faut franchir un intervalle de quinze siècles, tout le temps qui sépare l'Antiquité de la Renaissance. Les figures de grands hommes du Moyen-âge qu'on peut voir au Musée de Versailles ou ailleurs nous ont, en général, paru trop dénuées du double caractère d'une ressemblance certaine et d'une parfaite exécution pour que nous osions y appliquer notre examen.

Sans nous astreindre étroitement à l'ordre des dates, nous croyons ne pouvoir placer à l'entrée de cette nouvelle galerie deux hérauts de plus grande mine que ces deux anglais de génie, ancêtres augustes, pères vénérés, l'un de la littérature, l'autre de la philosophie et de la science moderne : William SHAKSPEARE et Lord BACON. Il est regrettable qu'on n'ait du premier que des images contestées ou contestables et, du second, qu'un masque, suffisant pour expliquer la portée intellectuelle de l'original, mais qui laisse ignorer les causes psychologiques et organiques de ses défaillances.

SHAKSPEARE

En ce qui concerne SHAKSPEARE, le buste de Stratford, œuvre à la fois de sculpture passable et de peinture grossière, semble seul devoir être pris pour authentique. Nous en donnons une fidèle reproduction. Les sentiments les plus élevés s'étalent avec magnificence sur cette tête harmonieuse; les facultés *poétiques* y sont plus développées que dans aucune autre que nous sachions, celle de M. Victor HUGO exceptée. Dans SHAKSPEARE aussi le poète était doublé d'un penseur et d'un observateur profonds. Son arcade sourcilière se prononce de telle sorte qu'il n'est aucun ordre de connaissances que l'homme ainsi doué ne pût aborder avec succès. Les traits sont beaux et réguliers; les yeux pleins et saillants. Le nez charnu, mais grave, la bouche d'un dessin délicat, annoncent la sympathie et la tendresse; la commissure des lèvres entr'ouvertes décrit une courbe moëlleuse à ses extrémités, et rappelle le doux sourire de l'enfance. Ce seul détail est d'une grâce infinie, que rien dans le reste du visage ne vient déparer.

BACON

Le front du grand BACON, dans le masque dont nous venons de parler, est véritablement olympien ; mais comme on en a dit autant de celui de M. Victor HUGO, il y a lieu de s'expliquer sur la portée de cette expression, qui trompe le vulgaire.

On doit partir de ce principe que c'est la *conformation* plutôt que l'*étendue* du front qui détermine sa signification. En dehors des deux organes médiaux de la partie supérieure, siéges spéciaux de l'intelligence proprement dite, l'expansion des lobes latéraux, qui tend à faire prédominer l'*accessoire* sur le *principal* quand elle est démesurée, loin d'ajouter à la puissance de la réflexion et de la conception, l'affaiblit. En effet, pour qu'on possède à un haut degré une faculté quelconque, il faut que les facultés voisines de celle-là soient modérées ; autrement la force se divise au lieu de se concentrer. Si l'on observe à ce point de vue, le front de M. Victor HUGO, sur lequel nous reviendrons plus loin, on reconnaîtra qu'il est plutôt celui d'un grand poète que d'un philosophe. L'imagination y balance la raison.

Le front de lord BACON, strictement *intellectuel*, n'est pas sans analogie avec celui de SOCRATE, qu'il surpasse toutefois en intensité d'observation et en variété d'aptitudes : c'est d'ailleurs, le plus beau qu'on connaisse, car il sert de type dans les écoles de Phrénologie, en raison de son volume extraordinaire et de la perfection de ses contours. Les facultés secondaires de l'esprit y apparaissent comme autant d'auxiliaires prêts à se ranger sous le commandement de la plus élevée de toutes, celle qui permet de produire et de combiner des pensées solides. Le front de BACON est, en un mot, si l'on peut s'exprimer ainsi, la manifestation plastique la plus haute du *sens philosophique*, dernière expression et forme suprême de l'intelligence de l'homme.

Malheureusement, ce grand génie a laissé comme homme d'État et grand justicier de son pays une mémoire entachée de graves reproches. Si, au lieu de son masque et de ses portraits, on avait le relief de sa tête entière, nul doute qu'elle n'offrit une dépression dans la région de la *conscience*, particularité fâcheuse qui se rencontre parfois dans les personnages les plus éminents par les dons de l'esprit. On ne constate pas, en effet, dans les traits et la physionomie de lord BACON, un peu dépourvus de caractère, cette expression de probité inflexible, d'austérité de mœurs qui apparaît dans les Michel de L'HOSPITAL et les d'AGUESSEAU.

RAPHAEL

Après le grand poète et le grand penseur de l'Angleterre, il n'est que juste de placer un grand artiste. Le portrait de RAPHAEL adolescent, est, comme on sait, l'un des plus précieux échantillons de beauté juvénile que l'on puisse voir. C'est quelque chose de suave à l'égal des figures de vierges et d'anges qui sont sorties du pinceau du même maître. Nous ferons peut-être sourire bien des incrédules en affirmant que, dans cette tête qu'on voit au Musée, il y a l'explication claire et précise du genre de mérite de l'immortel SANZIO et des côtés faibles de sa peinture, si ce n'est blasphémer que d'en parler ainsi. On remarque, en effet, dans ce portrait, le développement extraordinaire des organes des *formes*, du *dessin*, des *couleurs*, tandis que les facultés qui rendent apte aux compositions compliquées et mouvementées sont absentes. La douceur extrême du regard, l'apparente mollesse empreinte dans le modèle, expliquent en outre, sa tendance à interpréter exclusivement le calme et le bonheur. On n'a qu'à opposer au portrait de RAPHAEL devenu viril, mais conservant les traits caractéristiques de sa nature, celui de MICHEL-ANGE, doué d'une organisation toute opposée, et l'on conviendra, si l'on est de bonne foi, que dans leurs aspects divers, les manifestations du talent répondent nécessairement à des diversités d'organisation corrélatives.

RABELAIS

Il existe un portrait de RABELAIS où il est représenté jeune, grave, et tout à fait dépourvu de l'expression cynique et pantagruélique qu'on a exagérée comme à plaisir dans celui qui se trouve en tête de la plupart des éditions de ses œuvres. Nous n'avons pu retrouver le premier. D'après les indices physionomiques de celui que nous offrons au lecteur, il est douteux que le curé de Meudon eut jamais la chasteté et l'abstinence en grande estime ; dans le for intérieur du moins, il dut être conséquent avec ses ouvrages, bien qu'il ne manque pas de contradicteurs sur ce point. Dans le portrait que nous reproduisons, il n'y a pas à contester le cachet de la gaillardise et de la concupiscence. La longueur et les contours de l'organe nasal font souvenir d'un proverbe latin, et alarment sur la continence du prêtre. La philosophie de son livre, que l'on a trop vanté, est d'un grossier sensualisme, que n'excuse pas dans un écrivain revêtu d'un caractère évangélique le goût impur et déréglé de laplupart des lecteurs auxquels il s'adressait.

MONTAIGNE

Une physionomie qui contraste étrangement avec la précédente est celle de MONTAIGNE. Tandis que les productions et la personne, également bouffonnes et impudiques, de RABELAIS représentent très-bien l'esprit de son siècle dans sa promiscuité effrontée, protestation de l'énergie de besoins organiques qui tendaient à se faire jour, MONTAIGNE, presque contemporain de l'auteur de *Pantagruel*, semble être un personnage de notre époque. Il est vrai qu'il est le *sage* de tous les temps, et appartient spécialement au nôtre par sa pénétrante et opiniâtre analyse, par sa mélancolie, ses inquiétudes sur lui-même et sur autrui, son profond septicisme, et le franc égoïsme qu'il jetait sur tout cela comme un manteau. L'expression de son visage est triste et songeuse. En rapprochant ces deux figures, de doctes hommes dont les admirateurs appartiennent, comme eux-mêmes, à deux philosophies si différentes, on prendrait volontiers l'un pour le maître et l'autre pour le domestique, et l'on plaindrait le premier, bon gentilhomme, d'avoir un valet sensuel, goguenard et irrévérencieux.

Le front de MONTAIGNE annonce un penseur original, un logicien sévère, un homme d'une sagesse pratique, d'un goût sûr, d'une instruction solide et variée, prêtant dans sa prud'hommie, une attention soutenue aux intérêts mondains. Développée à ce degré, la faculté critique éteint l'imagination, aussi MONTAIGNE, n'a-t-il rien d'idéal, et, bien qu'il cite continuellement des vers latins, rien de poétique. Pour lui, c'est une récitation, une sorte de sanction donnée à ses idées et un moyen d'augmenter ses jouissances d'érudit en mêlant le passé au présent et l'histoire à la chronique. La dialectique et l'étude des passions, voilà sa vocation et son triomphe. Un écrivain de nos jours, M. Edouard Mennechet, a excellemment défini MONTAIGNE en l'appelant le *Cicérone* du cœur.

LUTHER

LUTHER, esprit rogue, raisonneur, insoumis, mais convaincu et sincère, porte sur ses traits impérieux le cachet de la Réforme elle-même : il y règne une expression de sévérité et d'emportement, de sécheresse et de parti pris désagréable à l'œil. C'est sans doute pour atténuer l'effet disgracieux de cette peu sympathique physionomie que l'imagerie, si complaisante pour tous les cultes, a l'habitude d'associer la douce et bienveillante figure de Melanchton à celle du terrible Luther. On contemple ainsi le calme à côté de la tempête, l'agneau en regard du lion. Nous disons le *Lion* par euphémisme, car, à l'analyser en détail, la face de l'excitable schismatique a plus d'analogie avec celle du dogue. Ses mâchoires sont larges et massives; sa bouche contractée, sous un nez carré et relevé comme par défi, semble faire entendre un sourd grondement. On n'ose pas trop contempler ce cerbère, de peur de l'agacer et de s'en repentir. Le front, largement modelé, est la seule noblesse de ce visage. La tête est celle d'un homme capable de mettre au service d'une grande cause morale les facultés militantes dont l'emploi est indispensable au succès de toute réforme, religieuse ou politique, quand l'opinion qui *proteste* a contre elle de puissants ennemis.

CATHERINE DE MÉDICIS

Le visage de CATHERINE DE MÉDICIS, cette reine et cette régente de sanglante mémoire, est aussi faux, aussi discret que le précédent l'est peu. Il ne trahit ses secrets que pour l'observateur expert dans l'art de déchiffrer le grimoire des physionomies. Le plissement longitudinal des lèvres, leur relief voluptueux, les ressorts de duplicité, d'astuce et de dédain incessamment tendus aux coins de la bouche et des yeux ; les séductions et les colères embusquées dans le regard et toutes prêtes à se répandre dans les manières et le langage ; l'instinct de la domination étouffant les sentiments et s'abandonnant avec l'ardeur italienne aux excès d'un despotisme tour à tour hypocrite ou brutal ; l'enivrement du pouvoir personnel trempé dans la vanité féminine, chatouilleuse comme un nerf et tranchant comme une hache : tels sont les principaux éléments de ce type achevé d'intrigue et de cruauté qui, à lui seul, expliquerait la *loi salique*.

La blonde chevelure et la blanche carnation de

CATHERINE DE MÉDICIS ont reçu du pinceau de Rubens un ton de mollesse, une fraîcheur et un attrait qui, dans les tableaux de ce maître, dérobent sous un rayonnement lacté la noirceur intime du personnage. Quel enseignement, quel sujet de méditation que cette laideur morale, cette organisation de criminelle sous des dehors si blandissants! Mais, s'il est douloureux de penser que la méchanceté et le vice peuvent porter le masque de la beauté, cette impression a son correctif dans le phénomène contraire, en vertu duquel les âmes sont parfois plus belles que leur enveloppe. On en pourrait citer des exemples vivants parmi les hommes et les femmes; mais celles-ci (et peut-être aussi les messieurs) sauraient peu de gré à l'auteur de louer leur moral aux dépens de leur physique. Il n'en est pas moins consolant de penser que si les très belles personnes deviennent rares à notre époque, tandis qu'au contraire la multitude des laides s'accroît, il y en a pourtant de *bonnes* dans le nombre. Faisons de cette axiome un article de foi plutôt que de tenter un recensement difficile, bien qu'éminemment du ressort de la phrénologie, qui aura des vérités fort inattendues à révéler au monde quand il lui plaira de la consulter.

HENRI IV

La physionomie gracieuse et bienveillante, à la fois ouverte et matoise, d'HENRI IV mérite de fixer l'attention. C'est le seul de nos anciens rois dont les traits soient restés populaires. Dans ce type de la race des Bourbons, mieux douée sous le rapport des penchants charnels et affectifs que sous celui du génie, et où les facultés instinctives, communes aux plus humbles mortels, ont presque toujours dominé, on reconnaît au prolongement de la mâchoire, au faible volume de la tête portée en hauteur et fuyant en arrière, une nature spontanée, dont les sensations dominent le jugement. On sait qu'une des lois physiologiques les plus impérieuses qui président à la reproduction des êtres veut que les défectuosités se perpétuent dans les races et dans les familles, et aillent même en augmentant, à moins de croisements propres à les corriger. Il n'est donc pas étonnant d'avoir vu dans LOUIS XV et dans

LOUIS XVI, à la 6e et à la 8e génération, les organes de la vie physique tendre, chez ces rois, à matérialiser l'être moral, et constituer une véritable tyrannie des sens sur l'âme, danger également funeste aux dynasties et à leurs sujets. LOUIS XVIII, tout homme d'esprit qu'il était, n'a pas échappé à cet ascendant, non plus que le Dauphin, ni le duc de Berry, père du comte de Chambord. Ces phénomèmes psychologiques auraient dû depuis longtemps donner à réfléchir aux partisans de la *légitimité* : ils condamnent le principe de l'hérédité monarchique (1).

(1) L'histoire démontre que les familles royales occupant un trône héréditaire finissent, sous l'influence fâcheuse des causes qui les corrompent, par avoir dans le sang un vice caché, une sorte de poison qui affaiblit leur intelligence, attriste leur bonheur, et gâte jusqu'à leurs plaisirs. (*La Constitution anglaise*, par William Bagehot).

RICHELIEU

Un homme au front en retrait aussi, mais d'une organisation bien différente, c'est RICHELIEU. Chez lui, au lieu que les proportions du cerveau soient dépassées par celles de la face, celle-ci, maigre et chétive bien qu'empreinte d'une expression puissante, porte témoignage de l'asservissement des sens à la volonté. L'œil, beau et plein, brille, sous son abri touffu, d'un feu concentré. Le nez, aquilin, recourbé, en parfaite harmonie avec les contours émiacés et le ton du visage, semble par le renflement de l'arête à la naissance du cartilage aspirer avec peine assez d'air pour alimenter le foyer intérieur. La bouche, autant qu'on en peut juger sous l'ombre épaisse des moustaches, est mince et contractée comme celle de tous les ambitieux. Les sourcils sont froncés. On sent qu'il y a derrière ce masque une pensée absorbante et impitoyable. On n'y aperçoit pas un indice de sensibilité ou d'attendrissement, bien que Richelieu, qui aimait fort les chats, — animaux qu'il faut aimer pour eux-mêmes, — ne dédaigna pas non plus de courtiser les muses et Marion Delorme. Ce que la barrette laisse entrevoir des organes phrénologiques décèle un esprit sec, impérieux, absolu plutôt qu'étendu, fort capable de concevoir et de suivre ses plans avec vigueur, mais recevant ses inspirations presque autant d'une jalouse et insatiable personnalité que de son génie.

CORNEILLE

A un degré supérieur de l'échelle morale et intellectuelle, quoiqu'il n'eût pas cette intelligence du mal que le vulgaire prend volontiers pour la plus haute expression de la *capacité* et qui n'en est que la perversion (1), il faut placer PIERRE CORNEILLE. L'empereur NAPOLÉON Ier, fort habile à distinguer presque tous les genres de mérite, reconnaissait, dans ce grand et digne homme de lettres, l'étoffe d'un premier ministre, l'égalant ainsi dans son estime à la position du sommet de la quelle RICHELIEU convoitait lui-même la gloire de son pacifique rival, l'auteur de *Polyeucte*. Ici le visage sérieux et même triste annonce l'hon-

(1) On a dit plus haut que, trop souvent, par la désignation d'homme *capable* il faut entendre un homme *capable de tout*. Il en est surtout ainsi dans les affaires, où tant de financiers *très habiles* finissent par se montrer d'affreux coquins.

nêteté et la simplicité. Les méplats du nez, grand et gros, la bouche résignée, dénotent un caractère fort et droit, d'une sensibilité vive, d'un facile enthousiasme, avec un besoin d'expansion et de sympathie douloureusement contenu. Le front, haut et large, présente le relief harmonieux qu'on rencontre immanquablement dans les têtes de premier ordre. Pourtant l'élévation des sentiments et la facilité de dialectique y priment la fertilité d'imagination et le talent même d'écrire, exposé, par suite, faute d'une gamme suffisante de couleurs, à demeurer au-dessous de l'inspiration ou à manquer de variété. Faible dans cette partie de son art qui tient de la peinture ; obligé, par les lacunes de son observation, non moins que par l'essor démesuré de son idéal, à devenir abstrait, subtil, ou à tomber dans l'enflure en cherchant l'effet, CORNEILLE, souvent moins poëte que versificateur, mais donnant à son imitation un cachet de puissance équivalent à l'invention, offre comme écrivain tragique cette particularité que les imperfections de son théâtre sont dues à l'excès de belles qualités qui eussent suffi à illustrer l'homme dans une autre carrière.

PASCAL

Un portrait, au crayon rouge, de PASCAL adolescent, fait par Domat, son ami, alors très jeune lui-même, montrait le futur auteur des *Provinciales* sous des traits frais et riants, accusant déjà, par le grand écartement des yeux et l'ampleur des arcades sourcilières, une vocation extraordinaire pour les sciences exactes et le talent inné de la forme et du style. Ce portrait étant devenu très rare, est remplacé ici par celui qu'on trouve à la Bibliothèque nationale. Le nez, aquilin et de longue taille, descend d'un front haut et fuyant. L'élévation de la région coronale complète, avec les indices précédents, le signalement d'une nature puissante par l'aspiration, par le goût, la pénétration et la faculté d'expliquer toute chose, mais où la force n'était pas en proportion du génie. Une bouche tendre et délicate, des contours gracieux, signes d'une organisation exquise, mais frêle, inquiètent sur le résultat final de tant de connaissances acquises contradictoirement, de tant de méditations sur des sujets inaccessibles, de tant de théologie mêlée à la philosophie, et prédisent que dans cette victime de l'ardeur de son âme et des ébranlements de sa foi, la crainte et la raison se combattront jusqu'à la mort, dont le trouble mental avancera l'heure.

On a dû remarquer l'extrême sobriété de choix que nous apportons dans cette galerie de célébrités de tout genre. Il dépendait de nous de multiplier presque à l'infini ces rapides esquisses. Mais nous n'avons voulu nous arrêter d'abord qu'aux portraits tout à fait authentiques et assez généralement connus pour que notre glose eût quelque chance de les rappeler à la pensée. Or, le nombre de ces portraits est fort réduit, comme la plupart des lecteurs peut s'en convaincre en consultant ses souvenirs. Mais voici qu'à l'époque où nous sommes arrivés, un obstacle bizarre va encore restreindre forcément le champ de nos observations. En adoptant l'usage de perruques monstrueuses, de véritables cascades de cheveux couvrant une partie de la face indépendamment de la tête, et se déroulant jusqu'à la ceinture, LOUIS XIV, dont l'excuse, peu valable, pour l'énormité de cette invention, consistait dans une faible loupe, a, du même coup, défiguré sa génération et frustré la postérité sans le savoir. Il est impossible d'étudier les fronts du grand siècle sous cette malencontreuse enveloppe, cause d'une perte irréparable pour la science, et qui montre ce qu'une mode contraire au bon goût et au bon sens peut coûter à l'histoire de l'humanité. Car (l'ignorance seule s'y trompera), bien que le caractère des brillantes individualités de la cour de LOUIS XIV ou de son temps soit plus ou moins avéré, bien qu'il ressorte de leurs œuvres et de certaines particularités de leur existence, rien ne supplée aux indices de la phrénologie pour dévoiler l'être moral. Il n'est pas, assurément, une seule illustration de ce règne qui ne se fût mieux révélée à l'appréciation moderne sans cet absurde déguisement, que quelques gens d'esprit, et

SAINT-ÉVREMOND notamment, ne voulurent jamais subir et accablèrent de leurs sarcasmes. N'est-ce point un malheur à jamais déplorable qu'une sotte perruque nous ait enlevé le moyen de pénétrer dans le for intérieur de MOLIÈRE, par exemple, cet admirable génie, cette gloire nationale, individualité presqu'aussi inaccessible aux biographes qu'aux imitateurs, et dont nous savons si peu?

Cherchons, toutefois, en nous aidant de ce qu'ils nous laissent voir, à arracher quelques-uns de leurs secrets à trois ou quatre de ces grands hommes.

LOUIS XIV

Dans LOUIS XIV, les facultés perceptives, c'est-à-dire la vocation des connaissances et des talents, sont médiocres. C'était un CÉSAR théâtral, comme nous en avons vu depuis, qui n'avaient même pas besoin d'être Bourbons pour se croire sérieusement augustes. Les organes les mieux accusés chez lui sont ceux des formes, des proportions et de l'ordre. Le coup d'œil de ce prince est demeuré proverbial. Il aimait prodigieusement l'arrangement et la symétrie ; il en voulait partout, et après avoir aligné les jardins et les perspectives, il faisait encore planter en échiquier et tailler comme des pions les arbres qui les garnissaient. Son faste et sa grandeur étaient réglés, compassés et disciplinés comme son étiquette. Rien de naturel avec lui. L'homme de sa cour était un mannequin ambulant, enrubanné, portant gravement la monumentale perruque, et supporté lui-même par des talons rouges, humiliés de toucher la terre pour faire cortége au Roi-soleil.

L'amour du grand et du beau, toutefois, suffisant à lui seul, dans une sphère aussi élevée que celle des rois, pour éblouir à distance, il n'est pas étonnant que l'on s'extasie encore de nos jours sur l'éclat extraordinaire du siècle de ce fastueux monarque. De combien y a-t-il contribué moralement et personnellement? Le souverain inapte à comprendre les *bons-hommes* de Téniers, n'en était pas moins ami des arts, mais il y voulait l'apprêt, la recherche et la magnificence. Il ne paraît pas, d'ailleurs, qu'il y ait eu dans cette nature gourmée l'étoffe d'un homme d'esprit, d'un érudit ou d'un penseur. Le faible relief de la région frontale et sa conformation rendaient très secondaire dans LOUIS XIV l'usage de la raison, presque nulle l'imaginative, et très faible la faculté de s'élever par la réflexion à de hautes conceptions. En un mot, la valeur phrénologique de cette tête n'est pas en rapport avec la renommée du personnage, qui a été surfaite. Le regard annonce un prodigieux orgueil, de la fixité dans la volonté et de la sécheresse. La bouche est calme et belle, mais très dédaigneuse. Le nez aquilin, projeté d'un côté, aux narines dilatées, dénote, ainsi que le menton, saillant et incisé, une grande irritabilité et une sensualité des plus égoïstes.

LAFONTAINE

L'antipode de LOUIS XIV dans le monde intellectuel, si l'on peut s'exprimer ainsi, c'est LAFONTAINE. Ce bonhomme, fort indifférent aux usages et à la toilette, n'en a pas moins coiffé, lui aussi, la perruque de convention ; mais les vastes dimensions de son cerveau n'ont pas permis à ce hideux postiche de dérober entièrement les organes qu'il recouvrait. Il est repoussé et comme détendu aux deux côtés du front, là où s'épanouissent, dans leur galbe orbiculaire, les signes de l'idéalité et de la fantaisie des poëtes. Le peu de hauteur de la tête, proportionnellement à sa largeur, annonce un esprit irrévérencieux, insouciant des convenances et de l'opinion du monde, se suffisant à lui-même et, en un mot, plus indépendant que soumis, même aux lois de la charité chrétienne. Le contour des yeux et la forme du nez, en bec de corbin, ont quelque chose du hibou, ce mélancolique contemplateur des ténèbres. On sent que toute la vie mentale, cachée derrière cette face d'oiseau morne, absorbe, sans conscience d'elle-même, les rayons extérieurs, et s'en nourrit avec une puissance d'assimilation qui fait tenir de la chimie, du creuset et de l'alambic, ce talent si spontané pourtant, si original et si inimitable.

MOLIÈRE

Nous nous abstiendrons de tirer beaucoup d'inductions du portrait de MOLIÈRE, dans lequel l'inévitable perruque du temps cache plus qu'elle ne laisse voir le visage et une partie du front. Les comédiens sont les êtres à l'égard de qui les règles de l'art de juger les caractères d'après les traits sont le plus exposés à se trouver en défaut, par suite des expressions factices et contraires qui viennent se refléter chez eux et peuvent s'y imprimer, à la longue, pour obéir aux lois de la profession. On est seulement fondé à assurer que le tempérament bilieux, très apparent dans cet auteur, a exercé sur son talent une influence considérable, tant en donnant aux perceptions et à l'observation un degré d'intensité peu commun qu'en communiquant aux sentiments eux-mêmes une profondeur et une âpreté où se trempait avec bonheur la verve du comique. L'épaisseur des lèvres, dénotant peu de raffinement dans les habitudes physiques, explique les abondantes aspersions de gros sel que nos mœurs, plus policées, nous font réprouver dans ses pièces. Ne pourrait-on pas trouver aussi, jusqu'à un certain point, dans cet indice la cause des défections de la Béjart? La largeur des sourcils, celle du nez dans une face plutôt longue qu'arrondie, attestent d'ailleurs une impressionnabilité vive et une puissante originalité dans cette nature avide d'étudier les autres, et en qui la faculté prédominante de l'imitation rendait impérieux le besoin de traduire ses impressions par des personnifications, des pièces de théâtre et des rôles doublement marqués à son coin.

Les portraits de Molière ne se ressemblent pas entre eux. Celui que nous présentons ici est l'un des plus généralement acceptés. C'est d'après lui qu'on a fait la statue de l'auteur du *Misanthrope*.

RACINE

RACINE, appelé par LOUIS XIV le plus bel homme de sa cour, éloge donné à bon escient par un juge fort expert en matière de prestance, a en effet, des traits calmes, nobles, réguliers comme son talent; des traits où il n'y a rien à reprendre, mais où l'on ne trouve non plus aucune particularité fortement caractéristique. Malgré le mérite très éminent de ce tragique, c'est un des personnages qui font le moins regretter l'obstacle chevelu dont l'épaisseur s'oppose à l'examen de la conformation cérébrale; car, cet obstacle n'existât-il pas, on ne pourrait découvrir rien de saillant, rien de fort remarquable ou d'inattendu dans cette tête froidement parfaite. Sans vouloir en aucune façon manquer de respect à la mémoire jadis grossièrement insultée de RACINE, nous dirons que si les *perruques* à la Louis XIV n'avaient pas été inventées pour cacher une difformité du grand roi, elles auraient pu l'être pour mettre en relief la beauté majestueuse et fade de son poëte favori. Il y a du bellâtre et du manequin jusque dans les héros de ce classique par excellence, auquel nous préférons franchement les inspirés qui ne se possèdent pas et oublient de se faire friser.

A nos yeux profanes, le style de Racine est pauvre dans sa pompe affectée : il serait plat s'il ne s'enflait pas par une emphase cherchée, et quand il n'a pas Talma ou Rachel pour interprètes, il devient soporifique, à la lecture surtout. Quant aux pièces de RACINE, si l'on en excepte les *Plaideurs*, chef-d'œuvre de bouffonnerie scénique, elles sont dignes d'un théâtre d'automates, qui, mus par un balancier de pendule, déclameraient mécaniquement des tirades dans un langage conventionnel et prévu. Ses personnages ne pourraient sortir de la lointaine perspective de l'antiquité sans cesser d'être solennels pour paraître ridicules. Le drame shakspearien, c'est la vie. La tragédie racinienne est un spectacle d'ombres oratoires, amplement drapées, qui discourent et gesticulent fastidieusement entre les colonnes d'un temple supposé, dans une époque et une atmosphère idéales. On en revient transi et exposé à s'exprimer comme M. Prudhomme.

CHARLES XII

Portons maintenant nos regards sur le front de CHARLES XII, le héros et le fléau de la Suède. Voilà un roi qui n'a pas songé à se dérober à la critique des phrénologues! Dans un portrait que la gravure a rendu populaire, on voit à nu son crâne, prématurément chauve. Dominé par un immense besoin d'émotions et d'entreprises grandioses; exagéré en tout avec autant de calme et de naturel qu'un autre est ordinaire; si dépourvu de mesure dans le bien qu'il le faisait dégénérer en mal sans en avoir conscience; incapable de longues combinaisons, non par défaut de portée intellectuelle, mais par impatience et entraînement; ayant de la vertu et de la gloire un idéal tellement surhumain qu'il devenait, pour y atteindre, son propre bourreau et celui de ses peuples; ce grand homme, que la religion catholique eût pu compter parmi ses saints ou ses martyrs s'il n'était pas né dans un pays protestant et sur un trône menacé, présente un des exemples les plus frappants de la fatalité attachée à une organisation exceptionnelle.

La physionomie de CHARLES XII à 25 ans est douce et presque tendre; le regard a conservé la pureté, on dirait même l'innocence du premier âge. Mais observez la hauteur extrême et la dépression latérale de cette tête, qu'en langage vulgaire on dirait taillée en *pain de sucre :* la moindre excitation transformera ce timide jeune homme en un fanatique en un lion furieux dont rien ne pourra arrêter l'audace. Sa tête, bien que plus développée dans les régions frontale et sincipitale, n'est pas sans analogie avec le crâne tout en arrière du sauvage de la Nouvelle-Zélande dont on voit l'image page 28 de ce volume. Mais aussi, n'était-ce pas un sauvage dans son genre que Charles XII? Voici ce que M. Paul de Saint-Victor a dit de lui ;

Il n'y a rien d'humain dans ce soldat implacable qui faisait la guerre comme on fait de la gymnastique, par pur besoin de tempérament. A dix-huit ans, il entre sous la tente, comme un moine entre dans sa cellule pour n'en plus sortir : *Hic sunt tabernacula mea, hic habitabo in æternum!* — Vrai moine, en effet, qui semblait avoir prononcé des vœux terribles entre les mains d'une de ces Walkyries sanguinaires que son pays avait adorées. La femme, que l'Ecriture appelle « plus forte que la mort, » la femme, qui énerva Samson, charma César et fit pleurer Alexandre, n'entra jamais dans ce cœur fermé comme une citadelle. Il resta vierge comme la mort, la seule maîtresse qu'il eût jamais. La comtesse Aurore de Kœnigsmark, une des beautés du siècle, envoyée par le roi de Pologne, son amant, pour attendrir le conquérant irrité, n'obtint pas même de lui l'abaissement d'un regard. Un jour, il la rencontre dans un sentier étroit; elle descend de carrosse et s'avance vers lui. Le roi la salue brusquement, tourne la bride de son cheval, et disparait. Le chasseur d'hommes avait flairé cette *odor di femina* qui fait retourner Don Juan, et il s'éloigna bien vite, de peur que ce fin parfum ne lui fit perdre la piste de son gibier de batailles.

Cherchez bien, vous ne trouverez pas une veine de chair dans cet homme de bronze : ni table, ni lit, ni plaisirs. Le sang le sèvre du vin ; pendant cette campagne de vingt ans qui fut sa vie, il ne but jamais, comme David au désert, que l'eau du torrent puisée dans un casque. Son habit de gros drap bleu à boutons de cuivre lui dure autant qu'un froc à un moine ; il l'use sur son dos. Les rois des contes de fées ne quittent jamais leur couronne ; lui, n'ôte jamais ses bottes que pour dormir çà et là. Il a la superstition de ses bottes de cent lieues qui lui font parcourir l'Europe à grandes enjambées ; il ne parle que d'elles au roi Auguste dans la conférence qu'il lui accorde à Gutersdorf, après sa défaite. Au Sénat suédois, qui le supplie de rentrer dans le royaume, privé depuis si longtemps de son roi, il répond qu'il enverra à Stockholm une de ses bottes pour trôner à sa place, et les gouverner : facétie de lion botté qu'on ne lui fait pas répéter. — La guerre est sa religion ; il s'impose, pour la pratiquer plus dignement, des macérations ascétiques. Un jour on lui dit qu'une femme a vécu plusieurs mois en buvant de l'eau pour toute nourriture. L'envie le prend de subir cette rude abstinence, comme le caprice aurait pu venir à Mithridate d'essayer un nouveau poison. Cinq jours entiers il reste sans manger; puis il fait un repas d'ogre, et reprend son train de vie habituel.

On croirait lire l'histoire d'un chef de Peaux-Rouges, d'un *Œil de Faucon* transplanté des forêts de l'Amérique du Nord. Mais non; la conformation phrénologique d'un monarque européen peut aussi bien en faire un barbare qu'un monomane, un tyran, un libertin ou un imbécile, voire même un homme d'esprit; — mais ce dernier cas est rare.

Le grand relief de la partie postérieure du crâne de Charles XII est dû à la prédominance, dans un degré rare, des organes de la *fermeté*, de l'*orgueil*, de l'*ambition*, de la *lutte* et de la *destruction*. Autour du cervelet il y a, dans sa tête, absence complète des instincts de l'*amitié*, de l'*amour* et de la *famille*. Au point de vue de la science qui nous occupe, cette tête est une des plus curieuses et des plus démonstratives.

FRÉDÉRIC II

Opposons à cette physionomie celle de FRÉDÉRIC II. Celui de ses portraits qui le représente à 25 ans, est d'une beauté hors ligne : c'est une des figures les plus magnifiques transmises par l'histoire à la postérité, et nous ne croyons pas qu'aucun souverain, eût-il comme LOUIS XIV la fatuité de poser en Apollon, pût soutenir le voisinage de ce type écrasant de supériorité physique et morale. Aussi n'est-ce pas là la tête d'un simple monarque, mais plutôt celle d'un grand homme, d'un héros et d'un philosophe, à la renommée duquel la possession d'un trône a peu ajouté, si elle ne lui a nui. Grâce aux facultés dont il était comblé, ce moderne Marc-Aurèle, au lieu de faire de médiocres vers français sous la direction de VOLTAIRE, eût pu, comme écrivain et comme penseur, exercer dans le monde une haute influence si sa position ne lui avait conféré, avec la couronne, un autre genre d'autorité, condamnée par essence à être plus arbitraire que persuasive. Le front a l'ampleur de celui d'une statue d'ancien sage; l'auréole d'un génie presque universel y brille, comme dans CÉSAR. Le regard est d'un charme superbe et d'une puissance exceptionnelle, ainsi que l'âme dont il est l'éclair. Les portraits de FRÉDÉRIC, vieilli et aigri par les soucis du pouvoir, ne donnent aucune idée de ce qu'il était dans sa jeunesse. Il faut le voir dans celui qu'a reproduit l'édition Furne de VOLTAIRE, à laquelle nous l'avons emprunté. On pourrait écrire au-dessous les paroles mises par SHAKSPEARE dans la bouche d'Octave, montrant le corps de Brutus suicidé :

..... Nature might stand up
And say to all the world : This was a man!

On sait qu'élevé par une Française, Frédéric II pensa toujours dans notre langue et ne sut jamais bien l'allemand, qu'il considérait comme un jargon. Il y a encore des gens de son avis malgré les conquêtes de la Prusse et la beauté du langage des canons Krupp, cette *ultima ratio* dont elle est si fière.

On a beaucoup reproché à Frédéric sa sécheresse de cœur (on dit qu'il n'eut d'affection vive que pour sa sœur, la Margrave de Bayreuth), et le peu de cas qu'il faisait des hommes; mais malheureusement, il faut ajouter qu'il les connaissait. Sa froide nature avait quelque chose du marbre, qui est, avec le bronze, la matière dont sont généralement faits les Immortels.

VOLTAIRE

C'est une rare bonne fortune pour l'observateur et le phrénologue qu'une statue capable de donner de son modèle une idée nette, aussi complète que le fait celle de VOLTAIRE par Houdon, placée sous le péristyle du Théâtre Français. Elle le représente assis, vieux, mais encore plein de ce feu qui, chez lui, ne s'éteignit jamais, et perçait encore sous la cendre de l'âge. Son crâne, presque entièrement dénudé, peut être examiné sous toutes les faces. Le volume de cette tête, d'un relief si tourmenté, est un premier indice de richesse et de force mentales; on en trouve un second dans l'aspect particulier de la boîte osseuse, dont un œil exercé reconnaît le peu d'épaisseur et la délicatesse, qualités toujours unies à la densité, à la finesse de pulpe et à la sensibilité extraordinaire des circonvolutions d'un cerveau supérieur. Le front large et haut, la face décharnée et contractée par un rire sardonique, la saillie des apophyses, tous les signes du tempérament physique et moral sont en harmonie avec les facultés du génie : facilité, lucidité, variété, abondance, grâce et malice. Les études historiques, la polémique, le culte des lettres pour elles-mêmes, mais aussi l'ambition du suffrage du monde et des distinctions sociales, telle était la vocation native de ce bel esprit, curieux et poli, studieux et perspicace, élucidant et ornant tout ce qu'il touchait; superficiel sans doute, mais d'autant plus apte à son rôle favori d'initiateur. Avec une aussi large part d'aptitudes éminentes, on peut, certes, aborder bien des sujets et réussir dans plus d'un genre; cependant on aura toujours, quoiqu'on fasse, plus d'agrément que de solidité, plus d'étendue que de profondeur, on sera plus littérateur que philosophe. Les organes propres à donner du champ et de la suite aux observations, de la couleur au style, de l'ampleur et de la vigueur aux conceptions, sont faiblement développés : le plus utile, le plus essentiel des deux qui constituent la raison, celui de *l'analyse* est médiocre; aussi la forme plaisante et éprise de contrastes prévaut-elle sur la logique, souvent au point de déterminer ou de côtoyer l'erreur par égard pour l'agrément et le plaisir. L'idéal, en outre, peut s'élever jusqu'au lyrisme, mais il demeure conventionnel, ou s'alourdit bientôt, et retombe faute de partir du cœur. VOLTAIRE, en effet, bienveillant, sans doute, fort ami du bien et de la justice, est rarement ému; il se possède trop pour avoir des larmes involontaires au service de ses inspirations : il rougirait d'être attendri. Sa poésie et son théâtre sont froids et, selon nous, plus défectueux dans leur correction académique que ne fut SHAKSPEARE lui-même, trop légèrement qualifié de *sauvage* par ce dédaigneux émule, visant à être tragique avec autant de bienséance et de *decorum* qu'il était gentilhomme de la chambre du roi.

ROUSSEAU

ROUSSEAU est une nature toute différente. Son front, moins large, mais plus ramassé vers les organes de la réflexion, est empreint de contension et trahit des idées soucieuses, d'incessantes méditations. Au lieu du sourire sarcastique d'un optimiste frondeur qui se complait en épigrammes, nous apercevons ici tous les symptômes de la mélancolie et du découragement. VOLTAIRE et ROUSSEAU, mis en présence l'un et l'autre rappellent HÉRACLITE et DÉMOCRITE, dont ils semblent la seconde incarnation. Dans l'auteur d'*Emile* et du *Contrat social*, la source inspiratrice est dans le cœur lui-même, et *l'observation* commande à la pensée au lieu de lui obéir. De là une perception plus individuelle des choses et une sympathie plus vive pour les œuvres de la nature et le sort de l'humanité ; de là aussi, la lente et graduelle révélation d'un génie qui a commencé par s'ignorer et s'est formé par degrés. Une éloquence pénétrante, une parole convaincue, un style laborieux, mais châtié, l'art de reproduire avec une égale supériorité les images du monde extérieur et les impressions les plus intimes, ont été le fruit des longues contemplations de la jeunesse, de ces rêveries au sein des campagnes alpestres où le talent a crû avec le secours de tous les éléments, comme les plantes parfumées qu'on y rencontre. ROUSSEAU, peintre sans palette, musicien, naturaliste et philosophe de l'école éternelle de la vérité, celle qui s'éclaire du soleil pour lire dans l'homme, ROUSSEAU nous paraît plus sérieux que VOLTAIRE, qui a gagné la réputation d'être *universel* à laisser courir sa plume dans tous les genres. Les défauts du premier, tous éclos de sa pauvreté peut-être, ont réagi sur ses ouvrages sans y faire de taches capables d'en éloigner : c'étaient un caractère ombrageux, défiant, jaloux, un amour-propre exigeant, une sensibilité morbide. Sous l'influence d'aspirations impérieuses, réprimées par une timidité excessive, par une gaucherie inexplicable, et surtout par le poids de l'infortune, il s'établit dans l'âme de l'écrivain une lutte sourde qui devait l'exposer à ne plus distinguer les suggestions de son chagrin de celles de son intelligence normale; alors on crie au paradoxe quand il faudrait plaindre le malade. Les opinions politiques de ROUSSEAU, bien qu'il fut enfant d'une république, sont autant le résultat de ses souffrances que de ses convictions, et, sous ce rapport, on a eu raison de voir en lui le précurseur immédiat de la révolution sociale. A celui qui avait douloureusement subi toutes les sortes de dépendance, l'œuvre de l'émancipation et de l'affranchissement de l'homme devait paraître plus qu'une entreprise philosophique, plus qu'un retour commandé au droit naturel : — un devoir, une mission et une revanche.

MONTESQUIEU

Le président de MONTESQUIEU forme, avec VOLTAIRE et ROUSSEAU, la trinité littéraire la plus éclatante du XVIIIe siècle. Nous croyons que s'il s'agissait ici d'un classement par ordre de valeur intellectuelle, déterminée à l'aide de la phrénologie, il conviendrait de placer DIDEROT avant MONTESQUIEU; mais nous dessinons à grands traits les portraits de cette galerie en nous conformant au rang de la célébrité. MONTESQUIEU avec ses yeux perçants, son profil aigu, ses traits caractéristiques d'une originalité de bon goût, d'une finesse attique, porte en sa tête, qui rappelle celle de CICÉRON, le cachet de l'esprit, non du génie. C'est un homme d'imagination plutôt qu'un sage; il est plus brillant que solide et s'arrête volontiers à la surface des choses. Quand il voudra retracer l'*Esprit des lois*, tentative bien hardie pour sa force, ses divisions seront souvent artificielles, ses arguments sophistiques, et il n'achèvera pas les chapitres. Ses qualités les plus remarquables, déployées à leur avantage dans les *Lettres persanes*, sont la finesse, l'ironie élégante, le don de faire penser en se jouant, la raison dans le badinage, puis une élévation soutenue, un ton de bonne compagnie qui lui sont particuliers. Nourri de l'antiquité et de l'étude de la jurisprudence, MONTESQUIEU, enchaîné ainsi par deux liens sans le savoir, n'a nullement été un philosophe. Il n'avait de la philosophie ni le détachement supérieur, ni la haute et mâle indépendance, ni la simplicité et le sentiment profondément humain et invariable. Si l'on tient à le rattacher à quelque secte, c'est un épicurien en robe de magistrat, c'est-à-dire un être hybride et contradictoire, dont la grande valeur littéraire a malheureusement rendu classiques les erreurs et les préjugés.

Les facultés perceptives de cette physionomie, l'emportent beaucoup sur les organes de la réflexion, ce qui fait fuir le front et constitue un talent plus remarquable par la forme que par le fond. Si l'on voulait mettre en regard la tête d'un homme d'un génie tout opposé, ce serait celle de l'historien anglais HUME, aussi profond que MONTESQUIEU l'était peu.

DIDEROT

DIDEROT, l'esprit le plus avancé de son temps, ce qui n'est pas peu dire, le plus *artiste* des hommes de lettres du siècle passé, et le plus franchement dévoué à l'œuvre encyclopédique, avait une plus belle tête que ROUSSEAU et MONTESQUIEU; mais il a manqué de suite et de mesure et s'est éparpillé en trop de sens. Le portrait que nous donnons de lui, d'après l'un des Vanloo, est peu connu : nous ne pouvons donc nous arrêter sur cette figure trop effacée que pour rappeler, en passant, ses titres à prendre place parmi les plus populaires. La tête de DIDEROT est celle d'un grand homme, et sa physionomie est le miroir d'une âme aussi tendre qu'élevée, aussi ingénieuse qu'ardente, dont toutes les impressions se manifestaient franchement. Il n'est permis qu'à un naturel excellent d'être aussi déréglé qu'il le fut sans faire plus de mal.

WASHINGTON

Une figure tout à fait distincte des précédentes, et qui tranche franchement parmi elles, moins encore par son caractère étranger que par le cachet d'austérité et de puritanisme empreint dans ses traits, c'est celle de WASHINGTON, le grand homme *impersonnel,* suivant une expression bien juste du général Trochu. Tandis que les physionomies françaises sont généralement tout *en dehors,* comme si rien de ce que l'individu peut montrer ne s'était résigné à ne pas paraître, le visage de WASHINGTON trahit l'occupation constante de la pensée à maîtriser le sentiment intérieur. La face osseuse et allongée, encâdrée dans des joues infléchies et terminées par un menton carré; les lèvres minces et tristement serrées; la sénérité du regard; le nez grave et incliné sur la bouche comme pour mieux sceller son silence; tous ces traits, indices d'une volonté et d'une résignation également sûres d'elles-mêmes, basées sur les convictions et sur l'obéissance au devoir, appartiendraient au fondateur de quelque sainte communauté aussi bien qu'à celui de la liberté américaine. Le front, peu étendu, mais singulièrement compact, et chargé de facultés plus utiles que brillantes, annonce un esprit net et positif, impropre à nourrir des chimères, circonscrit dans ses aspirations, mais observant et jugeant avec un rare sagacité. Le peu de largeur de la tête, relativement à sa hauteur, confirme le témoignage de la physionomie en signalant une âme élevée, religieuse, désintéressée, persévérante. Il est impossible, en considérant le portrait de WASHINGTON, de nier l'intime liaison du moral et du physique ; la légende de sa vie s'y lit couramment. Aucune autre nation moderne n'a de personnage à comparer à ce grand homme de bien, si ce n'est le grand pensionnaire de Hollande, JEAN DE WIT, autre héros de vertu civique et d'abnégation, dont nous regrettons de n'avoir pu donner ici le portrait comme un autre glorieux modèle. Les organes de la *conscience* et de la *fermeté*, auxquels les illustrations de cette catégorie doivent leur forte trempe, ne sont pas très communs dans les têtes d'hommes d'État français, ainsi qu'on l'a déjà fait remarquer plus haut.

FRANKLIN

Les États-Unis de l'Amérique du Nord sont riches en hommes d'État d'un haut titre. Bornons-nous à citer encore FRANKLIN. Son beau front hémisphérique couronne une figure calme, bienveillante et digne, où tout est harmonieux. Il ne faut demander que de la froide raison, une éloquence persuasive, et non de la poésie à cette tête strictement philosophique, d'où les pensées étrangères à la sagesse, inutiles à l'action, sont exclues comme une superfluité. Les observations et le savoir tendent à s'y formuler en aphorismes, et ne prennent la forme sciemment naïve de l'apologue qu'en vue d'un effet plus sûr. Admirable organisation d'ailleurs, où l'amour du bien et le désir de servir l'humanité ont certes le droit de remplacer le goût de la littérature légère! On souhaiterait peut-être un peu moins d'égalité d'âme et de confiance en soi dans cet irréprochable modèle du bon sens et des vertus sociales et domestiques; mais c'est à cause de nos travers et de nos faiblesses qu'il nous inspire moins de sympathie que de respect. Heureuse serait la nation qui, plus jalouse de sa prospérité que de sa gloire, aurait la prudence et la force de suivre les préceptes du *bonhomme Richard!* Les intrigants, les charlatants et les bateleurs n'y feraient pas fortune!

La tête de FRANKLIN étant celle du sage, du philosophe *pratique*, de l'être rationnel par excellence, il importe de constater quels organes y dominent. Ce sont la *causalité*, la *comparaison*, la *bienveillance*, la *vénération*, la *fermeté*, la *conscience*. L'*idéalité*, l'*imitation*, l'*éventualité*, les *facultés perceptives* et toutes les autres facultés, on peut le dire, sont, chez lui, subordonnées à celles qu'on vient d'énumérer. De là une clarté d'entendement, une sûreté de principes et une constance de caractère qui élèvent l'homme rare qu'elles distinguent bien au-dessus du commun des mortels, et en font l'égal des plus grands génies dans l'ordre moral. Il ne faut pas oublier, d'ailleurs, que FRANKLIN fut un savant et un lettré très distingué, inventa le paratonnerre, et fut un des plus éminents et des plus utiles citoyens de l'Union Américaine, qu'il avait contribué à fonder. Envoyé en ambassade successivement en Angleterre et en France, ce fut lui qui rendit populaire la cause de l'émancipation du Nouveau-Monde dans l'ancien. Type de la simplicité républicaine, il fit aimer et respecter dans sa personne les institutions de son pays, et son souvenir, par cela même, est associé aux prémices et aux plus glorieux errements de notre propre Révolution.

MIRABEAU

La laideur naturelle de MIRABEAU, augmentée par les traces d'une terrible maladie, rendaient déplaisants jusqu'aux signes de sa supériorité, Dans cette physionomie ravagée par la petite vérole et tuméfiée par la pléthore, le caractère le plus apparent est la fougue et la sensualité. Tous ses traits sont gonflés par l'orgueil et la bonne chère. La pose est celle d'un orateur imbu de ses moyens, mais étrangement surexcité, qui excelle à lancer l'invective. Le genre *poissard* se fût déclaré franchement dans le personnage, n'eùssent été le génie, l'éducation et le rang. Le hasard de la naissance et les événements ont sauvé de la vulgarité cette nature peu scrupuleuse, qui s'est compromise par ses qualités mêmes. Celui qui, dans une condition obscure, eût été le roi des halles, a été le roi des tribuns, et tour à tour l'effroi spontané et le soutien mercenaire d'une autre royauté chancelante. Le front, plein et projeté en avant à sa base, annonce la présence d'une armée d'arguments toute prête à fondre sur l'ennemi. L'œil rond et saillant lance l'éclair, comme la pensée la foudre. Le nez injecté, déformé par l'abus du tabac, par les irradiations des plaisirs et de la colère, ne sait plus auquel entendre de ces excitants. Quant à la bouche, malgré son ampleur, elle n'est pas sans délicatesse. Le menton est aristocratique, mais gâté par ses énormes appendices. En somme, l'allégorie du bandeau de l'amour n'a peut-être jamais été mieux justifiée que par l'image peu attrayante de l'auteur des *Lettres à Sophie*, un des plus laids soupirants qu'on puisse voir.

Un trait commun à tous les grands orateurs est le développement et la saillie du globe de l'œil, projeté en avant chez eux par la circonvolution du cerveau où siége l'organe du *langage*. Cette particularité se retrouve dans des modèles que notre siècle a connus, comme Pasquier, Berryer, Casimir Périer, Guizot, Odilon-Barrot, Thiers, Jules Favre, etc., etc. Il est rare que les personnes qui ont les yeux *rentrés*, comme on dit, soient remarquables par l'éloquence, à laquelle concourent néanmoins d'autres facultés, ce qui fait que certains écrivains, par exemple, sont éloquents dans leurs ouvrages et fort ordinaires dans leurs discours, parfois même incapables de parler en public. L'organe du *langage* fut le premier découvert par Gall qui, dès l'enfance et n'étant encore qu'un écolier, était frappé de voir que ceux de ses condisciples dont la mémoire orale était supérieure à la sienne avaient généralement de gros yeux. Cette observation le mit plus tard, à l'époque de ses travaux anatomiques, sur les traces du siége de la faculté qui fait les beaux parleurs en tout genre (1).

---

(1) On lit dans un compte-rendu de la séance de l'Académie des Sciences du 9 juin 1873 :

M. Bouillaud a annoncé à l'Académie qu'il existe dans une de ses salles de la Charité un cas curieux d'*aphasie*, c'est-à-dire de perte de la parole, sans qu'aucun des organes de la voix et de la phonation soit lésé. Le larynx, la bouche, la langue, etc., jouissent de l'intégrité de leurs mouvements; mais la malade ne peut pas articuler une parole. M. Bouillaud a démontré jadis, et il espère pouvoir démontrer par ce nouvel exemple, que cette perte de la parole tient à une lésion d'un point déterminé du cerveau, dans lequel réside en propre la faculté du langage articulé.

DANTON

La figure athlétique et boursoufflée de DANTON, qui a été le MIRABEAU du peuple, offre plus d'un rapport avec celle qu'on vient d'esquisser. Ici l'expression est plus violente que hautaine ; les traits moins empâtés sont également menaçants, et la similitude se poursuit jusque dans les cicatrices qui sillonnent cette face rugueuse. Les analogues de ces deux puissants êtres dans le règne animal établiront avec assez de précision l'intervalle qui les sépare. Il semble voir, dans MIRABEAU tonnant à la tribune, un lion rugissant, tandis qu'on ne saurait comparer DANTON qu'à un dogue prêt à mordre. Le nez court et ramassé de ce tribun, ses joues plissées et pendantes, ses yeux injectés, son air grondeur, tout autorise ce rapprochement au physique, bien qu'au moral il soit trop défavorable. On reconnaît, en effet, une certaine bonhomie, de la générosité, de l'aptitude et du courage dans cette nature ardente qui, au besoin, se dévouait avec autant de facilité qu'elle s'abandonnait à la cruauté, à la vénalité et au vice.

ROBESPIERRE

Le *terrorisme*, une des conséquences déplorables, mais fatales de la Révolution, fut à peu près imposé à la Convention par les violences et les vociférations de la rue. Quand on se mêle de juger les révolutionnaires, il faut faire la part du temps, du milieu où ils vivaient, si l'on ne veut leur appliquer une mesure fausse. Pour beaucoup d'honnêtes gens, ROBESPIERRE n'a pas cessé d'être un *odieux scélérat*, et pourtant cette opinion banale, fort différente de celle que professaient CAMBACÉRÈS et l'empereur NAPOLÉON lui-même, ne saurait plus être partagée aujourd'hui par des esprits éclairés (1). On ne s'étonnera donc pas de nous entendre parler de ce terrible conventionnel comme d'un homme fort éminent, et non comme d'un monstre ou d'une bête féroce. Ses traits, pri-

(1) On sait que les massacres dits *de septembre*, la tache la plus sanglante de la Révolution, furent complotés par le parti dont Danton, Marat et quelques forcenés étaient les chefs, et dont Robespierre était l'adversaire.

vés d'agrément et bien éloignés de la régularité classique, n'en sont que plus significatifs. Les yeux caves, les joues émaciées, la bouche pincée, le menton anguleux annoncent l'absorption de la vie physique dans l'exercice des forces morales. Le front, chargé de facultés réceptives, fait paraître fuyante la région coronale. Il annonce, ainsi que l'ensemble de la physionomie, une intelligence élevée, un esprit pénétrant, actif, infatigable, au service d'une volonté de fer et d'une conviction immuable. Une ligne tirée du sinciput à l'extrémité de la mâchoire inférieure parcourrait une diagonale plus prolongée que dans un autre personnage que nous sachions. Cette particularité, qui rend le profil aigu et disgracieux, tient à l'énorme développement des organes déterminants de l'opiniâtreté, de la fierté, du besoin de faire triompher ses opinions, et de la passion de l'indépendance. Il faut ajouter que ROBESPIERRE possédait aussi à un haut degré la probité, le désintéressement, l'amour de la justice et de l'ordre. C'est dans ces facultés secondées ou plutôt exaltées par un tempéramment nerveux, fiévreux, presque électrique, qu'il faut voir l'origine du rôle qu'il a pris dans la Révolution et de l'éclat avec lequel il l'a soutenu.

On sait que ROBESPIERRE, imbu de la croyance à l'Etre-Suprême, s'attira de terribles inimitiés dans la Convention par le zèle qu'il déploya pour la défense de ses idées religieuses, qu'il fit momentanément triompher. Ses discours abondent en preuves de la sincérité de ses convictions à cet égard, et c'est le méconnaître étrangement que de le représenter, ainsi qu'on l'a tenté souvent, comme un ambitieux et un esprit subversif de la trempe des démagogues vulgaires. L'organe de la *vénération*, c'est-à-dire du respect pour tout ce qui en est digne, était un des plus accusés de son cerveau.

Gén. BONAPARTE

Du 9 *thermidor* à l'avénement de BONAPARTE, la scène politique, en France, est vide de grands hommes. Il n'en manquait pas dans les armées de la République, mais les traits des HOCHE, des MARCEAU, des DESAIX sont moins connus que leur renommée.

La tête puissante et la figure romaine de NAPOLÉON Ier sont familières à tous les yeux : jamais image ne fut plus populaire. Cependant il faut convenir que le caractère de beauté intellectuelle du modèle a parfois été exagéré par le ciseau et le pinceau, et, certes, il prêtait aux flatteries du peintre et du statuaire. Il y a loin du galbe olympien du front impérial, tel que cetains bustes ou tableaux nous le représentent, au moule crûment et douloureusement vrai pris sur nature, à Sainte-Hélène, par le Dr Automarchi, et qu'on reproduit ci-après.

Quoi qu'il en ait été des sentiments intimes et des instincts prédominants du premier empereur, dont il y aurait eu un immense intérêt de science à vérifier les mobiles organiques, son front, d'une dimension au dessus de la moyenne, et chargé de facultés puissantes, est celui d'un homme d'action plutôt que d'un penseur. Tous les genres de perception, moins celles qui constituent l'artiste, y sont réunis en faisceau. On y reconnaît un esprit prompt et fécond, grand observateur et non moins bon calculateur; maître de tous les faits qui le touchent, comme un joueur émérite l'est de ses cartes ou de son échiquier; porté à envisager les choses et même les gens sous le rapport purement mathématique, à y voir une espèce particulière d'entités ou d'unités à assembler et à mettre en mouvement au gré de sa stratégie. C'est bien le front du monarque qui flétrissait dédaigneusement du nom d'*idéologues* les esprits généreux préoccupés de moraliser la politique et plus inquiets de la liberté que de la gloire. Sous le rapport de la vigueur d'expression, il n'existe peut-être rien de supérieur à celui des deux portraits ci-dessus où l'on voit, de *trois quarts*, le général BONAPARTE à l'époque des campagnes d'Italie. La fermeté des traits antiques, la concentration du regard d'aigle, le cachet de détermination empreint sur cette physionomie de médaille, seront éternellement remarquables. Dans les portraits postérieurs au consulat, cette figure hâve et terrible s'arrondit par degrés, et finit par arriver à un empâtement maladif où s'éteint presque l'auréole du génie.

Masque de NAPOLÉON Ier.

N'est-il pas à jamais regrettable que cette tête, comme celle de tant d'autres immortels, ne puisse être appréciée qu'incomplétement au point de vue phrénologique, le masque seul en étant authentique? On a perdu ainsi la seule base d'un jugement définitif et inattaquable sur le caractère de NAPOLÉON, qui a *posé* toute sa vie. Nous le répétons à dessein, le *criterium* de la phrénologie, science de l'homme moral par excellence, surpasse en exactitude et en sûreté le témoignage intéressé des contemporains et les arrêts posthumes d'une postérité prévenue.

BERNARDIN DE ST-PIERRE

C'est franchir un énorme intervalle dans l'ordre moral, mais non dans l'ordre intellectuel comme on pourrait le croire, que de placer BERNARDIN DE SAINT-PIERRE à côté de NAPOLÉON 1er. L'un a eu, dans l'étude et la peinture de la nature, une supériorité analogue à celle de l'autre dans la guerre et la politique. De même que les Muses sont sœurs, tous les grands talents sont frères ; et pourquoi tairions-nous notre préférence décidée pour l'art de civiliser les hommes sur celui de les faire combattre et de les gouverner ? A nos yeux, le mérite d'avoir composé *Paul et Virginie* surpasse de beaucoup celui d'avoir gagné la bataille d'Austerlitz ou toute autre. D'abord les batailles sont toujours gagnées par quelqu'un, puis nous préférons hautement les idylles aux boucheries,

Il existe de BERNARDIN DE SAINT-PIERRE deux portraits fort dissemblables et pourtant également ressemblants, assure-t-on. Le premier, plus ordinairement mis en tête de ses ouvrages, le représente encore jeune, le front ombragé de longs cheveux tombant en boucles soyeuses ; le regard est triste et timide, la bouche, délicatement modelée, a un sourire mélancolique et attendri, le visage semble un peut replet et maladif : il décèle une complexion rêveuse, douloureuse même, portant la douceur jusqu'à la mollesse, et dont toute la force était dans une âme d'une trempe esquise, vibrant comme une harpe à la moindre impression. Le second portrait, fait quand le modèle était déjà avancé en âge, montre les ravages du temps sur cette beauté d'abord un peu effeminée, à laquelle, en ôtant la fleur du charme, il a donné une apparence de sensible virilité. La tête est d'une hauteur exceptionnelle par suite du développement des sentiments supérieurs. L'admiration des œuvres de la création, l'amour de l'humanité et l'idéal le plus élevé portaient cet esprit sympatique à se pénétrer de toutes les harmonies et à en être l'écho attendri dans ses ouvrages.

C'est une circonstance bien digne de remarque, au point de vue phrénologique, que les trois têtes les plus hautes peut-être dans leur partie antérieure, qu'on puisse citer parmi les hommes remarquables de ces trois pays, la France, la Grande-Bretagne et les Etats-Unis, soient celles de trois ravissants conteurs, qui furent en même temps des poëtes et des admirateurs passionnés de la Nature : BERNARDIN DE SAINT-PIERRE, WALTER SCOTT et Fenimore COOPER. Ajoutons, pour ne rien retrancher de l'excellent indice fourni par les têtes hautes bien conformées, que ces trois hommes célèbres furent doués du plus honorable caractère et surent se faire aimer autant qu'admirer.

CHATEAUBRIAND

On connaît mieux la tête de CHATEAUBRIAND, une des plus belles de notre époque : elle offre un type remarquable au triple point de vue de la régularité des traits, de la noblesse d'expression et de la signification phrénologique. Une aussi grande pureté de lignes se rencontre rarement dans la face humaine Les grands hommes ont souvent, avec une conformation et un aspect saisissant pour le connaisseur, un visage peu propre à entrer en lice dans un concours de beauté masculine. Il n'en est pas de même de celui de l'auteur des *Mémoires d'Outre-tombe*, dont la grave et fière mine sied à merveille à son large front de poëte et de penseur. En considérant le buste réduit qui a été fait de lui, une particularité nous frappe : ce n'est là ni une tête ni une physionomie française. On y retrouve plutôt le caractère anglais : il y a du SHAKSPEARE dans cet homme. Nulle figure ne révèle autant d'élévation ni de tristesse : c'est l'âme orageuse de *René* modelée sous la forme plastique. La coupe aquiline du nez, le serrement des narines, le renflement de l'arcade temporale à la place où trône l'*idéalité*, l'expression désolée de la bouche et l'énergie pacifique du menton s'accordent bien avec les rêves chimériques, la chevaleresque loyauté et les regrets du politique désabusé, avec les agitations et les aspirations infinies du chantre d'*Atala* et du peintre inspiré de la nature américaine.

J'ai dit que la tête de CHATEAUBRIAND ne paraissait pas être une tête française. Sans vouloir faire la critique de mes compatriotes, je rappellerai ici quelques lignes des *Mémoires d'Outre-tombe* qui montrent quelques-uns des côtés par lesquels ce grand écrivain semblait ne pas appartenir à notre race :

« En aucun temps il ne m'a été possible de surmonter cet esprit de retenue et de solitude intérieure qui m'empêche de causer de ce qui me touche. Personne ne saurait affirmer sans mentir que j'aie raconté ce que la plupart des gens racontent dans un moment de peine, de plaisir ou de vanité... Je n'entretiens jamais les passants de mes intérêts, de mes desseins, de mes travaux, de mes idées, de mes attachements, de mes joies, de mes chagrins, persuadé de l'ennui profond que l'on cause aux autres en leur parlant de soi, etc. »

Ne croirait-on pas entendre parler un Lord britannique? La conformation phrénologique explique encore cette disposition, rare chez nous : elle est due au faible développement de l'*approbativité*, de l'*éventualité*, de l'*individualité*, de l'*imitation* et de l'*adhésivité*, organes très-communs et souvent très prépondérants dans notre pays, où la plupart des gens parlent très volontiers d'eux et se mettent avec bonheur en scène.

BYRON

Dans BYRON, voluptueux et *dandy* autant qu'homme de lettres, la poésie ne serait, tour à tour, qu'une élégance ou une ivresse de plus, si une plaie secrète de l'amour-propre, de précoces chagrins, et la satiété même du plaisir n'étaient devenus les auxiliaires de son talent fébrile. Son aristocratique beauté frappe plus les yeux que les signes extérieurs de son génie. Ce n'est pas qu'on ne reconnaisse une singulière facilité de conception et d'expression, une impressionnabilité vive et une idéalité peu ordinaire dans cette tête modelée pour séduire ; mais l'influence d'un sang privilégié, d'une éducation supérieure, d'une difformité raillée, d'une existence de serre-chaude et d'une fortune compromise, ont été nécessaires, indépendamment des premières déceptions de la vie et du besoin de renom, pour tirer des sons aussi puissants de cette lyre de luxe (1).

(1) BYRON n'est connu en France, et généralement en Angleterre, que comme poëte. Nous possédons une édition américaine de ses œuvres où se trouve une volumineuse correspondance, ailleurs inédite, qui permet de l'envisager sous un aspect plus intime, très-favorable au caractère de l'homme privé et social. Les lettres écrites d'Italie, tant à Murray qu'à ses amis, sont, pour la plupart, admirables de bon sens, de libéralité de vues, d'esprit et de grandeur d'âme. Il serait à désirer qu'on les publiât en français

LAMENNAIS

L'antinomie de BYRON envisagé sous le rapport moral, se rencontre dans l'abbé de LAMENNAIS, penseur vigoureux, publiciste et prosateur de premier ordre, poëte aussi, à l'occasion, doué d'une âme essentiellement religieuse et portée à la métaphysique. Chez ce vrai et obstiné prêtre, dont le dévouement est allé du créateur à la créature, et de qui la foi a fini par s'absorber dans l'humanité, il n'y avait de brillant que les facultés de l'esprit. La base du front, dominée par le développement de la région coronale, trahissait une invincible inaptitude à demeurer au sein des réalités terrestres, et dès-lors une tendance à l'utopie et à l'illuminisme. Le nez allongé et d'abord charnu, mais aminci par les souffrances et les fatigues de l'âge, annonce autant de sensibilité que de pénétration. La face est maigre et complétement dépourvue de sensualisme. Le menton est long et remarquable par le faible renflement antérieur dont la forte saillie signale, chez d'autres, l'égoïsme et la dureté. L'ardeur du prosélytisme et l'essor hardi, le travail inquiet de la pensée, seraient gravés, peut-être avec peu d'attrait, sur cette physionomie, si le sourire épanoui d'une bouche trop fendue pour être classique n'avait fait parfois prendre à l'ensemble un caractère évangélique et fraternel. Cette empreinte, toutefois, s'est effacée dans la vieillesse. Sur les derniers temps de sa vie, sillonné, contracté et assombri par l'atteinte cruelle de douleurs de plus d'un genre, par une lutte désespérée entre la raison et la croyance, entre le découragement et la conviction, le visage du métaphysicien solitaire rappelait, sans rien perdre de sa haute et humaine expression, la face émaciée du loup aux abois. Le spiritualisme et la théosophie ont dévoré LAMENNAIS comme PASCAL et bien d'autres explorateurs d'abîmes, qui finissent toujours par tomber dedans.

La grande élévation de la tête de LAMENNAIS dans la région du sinciput est due à la prédominance des organes de la *fermeté* et de la *conscience*, qui ne lui permettaient pas de transiger sur ses doctrines, nonobstant la réelle humilité que sa grande *vénération* devait d'ailleurs lui inspirer quand il ne s'agissait pas de défendre ce qui lui semblait la vérité. C'est donc à tort qu'on l'a accusé d'*orgueil*, sentiment incompatible avec la prêtrise et la subordination qu'elle exige tout d'abord de ses profès. Mais l'esprit humain est ainsi fait que sous certains crânes, même tonsurés, le *veto* de la persuasion laborieusement acquise ou instinctive est capable de balancer celui du Pape.

BÉRANGER

Le vaste crâne chauve de BÉRANGER et sa physionomie à la fois caustique et bienveillante, si bien rendue par le dessin magistral de M. Couture, sont aussi familiers au public que les chants de l'Horace français. Nature rustique, franchement gauloise, mais toute imprégnée de civilisation, esprit d'un épicurisme et d'une grâce antiques, puisés à la source plébéienne d'Athènes, frottés ensuite de bourgeoisie dans Paris; rachetant par la pureté du goût et la finesse de la forme le tort d'avoir conduit sa muse un peut partout, BÉRANGER, dont l'âme était plus fière que le cœur, ce qui est un double éloge, a mérité d'être le poëte le plus aimé de sa génération. Il y a, dans cette enveloppe de vieillard aimable, du philosophe pratique en redingote de molleton. C'est un sage qui, dans son indulgence pour Alexandre, se rappelait d'avoir aimé Lisette. Ce que

SHAKSPEARE a si bien nommé le *lait de la bonté humaine* (1) coule, chez lui, à pleins bords avec le doux épanchement d'une imagination mélodieuse, dans le flux intarissable de ces chants pour tout le monde, gracieux et sympathiques refrains qui sont autant de professions de foi du caractère. BÉRANGER a été chansonnier comme LAFONTAINE était fabuliste, par un brevet de la nature ; aussi est-ce, sans contredit, depuis le *bon homme*, mais avec infiniment plus de *bonté* que celui-ci, le talent le plus individuel et le plus populaire de notre pays, toutes réserves faites sur le fond un peu relâché des idées qu'on met en chanson, forme de composition secondaire et qui conduit l'esprit sur une mauvaise pente.

---

(1) « Milk of human kindness. »

LAMARTINE

M. de LAMARTINE, dessiné ici d'après nature, avait de beaux traits romains, injectés de nerfs tressaillants qui faisaient ressembler sa face à une feuille agitée. Il possédait une des plus magnifiques organisations par lesquelles la nature ait bien voulu relever l'espèce humaine. Ce n'était point seulement celle d'un admirable poëte, mais aussi celle d'un grand citoyen, exposé, par la supériorité même de ses vues, à demeurer incompris, à être déserté par un peuple non moins prompt à l'oubli qu'à l'enthousiasme. M. de LAMARTINE, d'ailleurs, n'avait pu être appelé que par circonstance à un rôle politique éminent. Les tendances psychiques de son esprit et son aristocratique délicatesse marquaient sa place dans une sphère tout immatérielle, où la clameur populaire ne saurait atteindre, même sous forme de *vivat*. Nous trouvions exagéré, pour l'état de ses lumières, le luxe que le parti démocratique a affiché dès 1848, en mettant un moment à sa tête un chef capable tout à la fois d'écrire comme Pindare, de parler comme Démosthène et d'agir comme Aristide. Les barbares n'adoraient que les faux dieux ; aussi, toute proportion gardée des choses, quand Jésus-Christ s'est fait homme, on l'a crucifié.

Maintenant qu'on ne crie pas au fanatisme et à l'idolâtrie. Nous connaissons aussi bien qu'un autre le côté faible de la grandeur ; mais nous nous arrêtons de préférence à ses mérites. Plusieurs des hautes facultés du poëte sont certainement des défauts dans la vie publique, l'imagination n'est pas la sagesse, et la consistance du caractère s'établit avec peine au sein des émotions. Une bienveillance infinie, un dévouement soutenu, une générosité sans calcul, un attachement plus constant que fidèle aux personnes et plus fidèle que constant aux idées ; une mobilité invincible à l'attention et à la volonté ; un besoin d'expansion dans le sentiment religieux qui associe largement la créature au créateur et porte à craindre de nuire à un insecte ; tous les raffinements de la distinction native et l'instinct de l'élégance poussé à un point qui ferait de l'opulence une médiocrité relative : telles sont les dispositions qui nous ont frappés quand nous avons été à même de contempler M. de LAMARTINE. Dans la conformation de son cerveau, les organes qui donnent de la générosité au caractère, de la pureté au goût, de l'éclat au style, de l'élan et de l'élévation à la pensée, l'emportaient énormément sur ceux qui inspirent la circonspection, la ruse et le calcul. Grandeur, en effet, n'est pas prud'hommie.

VICTOR HUGO

En commençant à passer en revue cette série de physionomies illustres, nous avons déjà fait remarquer que la supériorité de l'esprit est due à la conformation générale, aux proportions heureuses et à la qualité du cerveau, non au développement absolu de telle ou telle de ses parties. Nous revenons sur cette observation à propos de M. VICTOR HUGO, poëte sublime, tragique aussi ample que CORNEILLE, aussi émouvant que RACINE et plus original qu'eux deux, grand orateur, grand archéologue, conteur sans égal, mais qui, malgré son front olympien, n'est pas un philosophe dans la véritable acception du mot, contrairement à ce qu'imaginerait tout phrénologue novice. Il y a dans l'auteur de *Notre-Dame de Paris* et des *Misérables*, écrivain aussi érudit que brillant et spirituel, une surabondance d'idéalité qui tend incessamment à faire verser sa muse dans l'excessif, le monstrueux et le chimérique. L'imagination, le merveilleux, l'enthousiasme, toutes conditions du lyrisme, sont les principaux éléments de cette prodigieuse organisation mentale, et, qu'elle le veuille ou non, les éléments prédominants de son inspiration. Développées à ce point, les facultés qu'on vient d'énumérer se superposent à l'intellect proprement dit, assailli dès lors de perspectives fantasques, de mirages bizarres, d'images invraisemblables, ou perdu dans de rêveuses contemplations. La forme même vise à l'extraordinaire et au pyramidal, les conceptions pompeuses offrent parfois, au point de vue rationnel, peu de sagesse, de vraisemblance ou de rigueur. Le vers et la parole, éblouis d'un éclat facile, entraînent l'esprit au lieu de lui obéir. En un mot la raison, dont la nature n'a pas sans dessein placé le siége au centre des autres organes de la pensée, est une reine qui, chez M. VICTOR HUGO s'est trouvée circonvenue par une foule de courtisans et de séducteurs à l'obsession desquels elle n'a pu toujours résister. Ajoutons à la décharge de cet immense talent, auquel on doit tant d'admirables modèles et d'œuvres exquises, que les poëtes n'ont jamais été tenus d'être des professeurs de logique ni des oracles infaillibles, l'analyse et le *positif* étant précisément la tombe de l'idéal, sans lequel la poésie n'existerait pas.

Le style de VICTOR HUGO a été excellemment défini dans les termes suivants par un des rédacteurs de l'*Indépendance Belge*, M. Gustave Frédérix :

« Le poëte a presque sans cesse l'allure cyclopéenne. Il veut toucher en même temps toutes les profondeurs et toutes les cimes. Cette puissance s'accuse dans les pages de l'*Homme qui rit*, comme aussi la faculté de donner à chaque détail un relief formidable. Il y a des tempéraments qui méprisent singulièrement le vieux mot de M. de Ségur ou de M. de Boufflers : « Glissez, mortels, n'appuyez pas. » Victor Hugo ne glisse jamais. Il laisse à tout ce qu'il touche l'empreinte de sa griffe. En ramassant un caillou, il dérange des montagnes. Quand il fait de la bimbeloterie, il la fait en granit. Il a les gaietés de Polyphème et il est énorme avec complaisance. Nous lisions dernièrement cette phrase judicieuse d'un critique distingué, M. Vinet : « Le style de Victor Hugo est l'arc d'Ulysse; parmi tant de prétendants, il n'appartient qu'à lui de le soulever et de le tendre. »

Le patriotisme ardent de M. VICTOR HUGO lui a coûté assez cher pour qu'on ne doive pas parler de lui sans rappeler qu'au lendemain du crime du Deux Décembre, c'est par la voix des *Châtiments*, ce fier poëme, que retentit pour la première fois et pour toujours le cri d'indignation de tout ce qu'il y avait d'honnête et d'insulté en France et dans le monde entier.

CHARLES FOURIER

Une tête non moins puissante que celle de M. VICTOR HUGO, mais douée au plus haut degré de la capacité strictement philosophique et de la force d'induction et d'organisation qui constituent le génie utilitaire par opposition au génie littéraire, c'est celle de CHARLES FOURIER, le réformateur bafoué pour quelques idées excentriques, mais qui n'en a pas moins été une des plus vastes intelligences et certainement la plus originale de notre siècle. Dans ce cerveau encyclopédique, auprès duquel ceux de NAPOLÉON et de CUVIER paraissent presque ordinaires, tous les organes sont largement développés sauf ceux qui donnent naissance à l'égoïsme, à l'orgueil et au talent de la forme. Aussi plus soucieux de la pensée que de l'art, laborieux à l'excès et, sans rien perdre de sa dignité, poussant l'abnégation jusqu'au martyre, a-t-il pourtant fait un tort incalculable à sa théorie en l'exposant dans un style négligé, heurté, chargé de néologismes et d'algèbre, tantôt trop concis et tantôt trop abstrait. Les facultés d'analyse et de synthèse, en parfait équilibre et se fécondant mutuellement, faisaient prédominer chez lui la combinaison et la concentration sur l'aperception pure et simple, et ont laissé ainsi dévier en apparence vers l'utopie l'esprit essentiellement pratique et mathématique de ce grand réformateur; car son idéal s'inspire toujours d'un fait ou d'une découverte et ne s'abandonne pas au hasard. FOURIER, inconnu de la foule, mérite plus qu'on ne pense la qualification d'esprit *positif*, si chère aux myopes intellectuels; mais il en justifie avant tout de plus hautes. L'idée de tirer le monde social du chaos où il se débat, par la classification méthodique des aptitudes, par la coordination scientifique et la coopération harmonique des *séries* groupées et associées autant que possible, est une idée de génie, ni plus ni moins. La phrénologie aiderait puissamment à sa réalisation ; mais il est plus facile d'accuser d'utopie toute conception d'un ordre supérieur, dépassant le niveau de la médiocrité et de la mauvaise volonté communes. *Vox populi, vox dei!* Ce qu'on a traité de visions et d'exagération dans le système de FOURIER n'est point, comme les ignorants l'ont cru, le résultat du délire; il faudrait y voir plutôt l'expression, nécessairement hypothétique et hasardée d'avance, des conséquences possibles d'une convergence universelle et d'un progrès accéléré dans l'œuvre de la civilisation.

Le caractère saillant de la physionomie de ce penseur est la sévérité, la volonté, la conviction, la pénétration et l'habitude d'une méditation qui laissait peu de place aux soins ordinaires de la vie et aux besoins du corps. Une souffrance continue est accusée par l'inflexion des joues, comme par le désenchantement de la bouche. Le menton osseux, large et saillant, appartient, ainsi que le regard perçant et le nez en bec d'aigle, à un conquérant de l'ordre intellectuel. FOURIER, condamné jusqu'ici sans connaissance de cause, et sur le compte duquel l'on a mis à tort l'insuccès d'une école fameuse, nous paraît être une des plus remarquables intelligences qui aient jamais existé. Cet obscur comptable, autre génie *impersonnel*, suivant le mot appliqué plus haut à WASHINGTON avec moins de justice, a dans sa pauvreté et son isolement remué plus d'idées et plus fait pour changer le monde que NAPOLÉON au sommet de la puissance. Tous deux étaient à l'étroit sur la terre; mais le premier, lui, voulait les cieux pour annexes, tandis que l'autre, pour étendre sa domination, se frayait un passage par la poudre et le fer dans le sang de ses semblables, et ne parvenait qu'à soulever l'univers contre lui.

L'auteur de la *Comédie humaine*, à qui personne ne refusera une bonne dose de pénétration, bien qu'il n'entendît rien au gouvernement des hommes et parût être de l'école de Scribe à cet égard, BALZAC a écrit dans l'un de ses ouvrages : « Si FOURIER avait mis son idée sous la tutelle de l'Eglise catholique, en se servant de termes moins offensants pour les sots qui gouvernent le monde, je ne sais pas ce qu'il serait devenu. » En exprimant cette opinion, Balzac ignorait ou perdait de vue que la religion et la science ne peuvent se subordonner l'une à l'autre sans faillir à leur principe ni sans abdiquer leur autorité. Mais une telle appréciation de la part de celui qu'on a appelé un *voyant* est de nature à neutraliser bien des sarcasmes ineptes, prodigués par les imbéciles qui ne prennent rien au sérieux (1).

(1) Aux personnes, peu clairvoyantes par elles-mêmes, qui, craignant de se tromper, ne saluent que les triomphateurs dont le cortége passe avec drapeau et musique en tête, il n'est pas inutile d'apprendre que le fouriérisme, conspué chez nous, a été bien près de recevoir la couronne civique aux États-Unis dans la personne de M. Horace Greeley, un grand publiciste et un grand citoyen, mort récemment, qui a professé toute sa vie les doctrines de Charles Fourier et de son école, et qui était de plus phrénologiste. M. Horace Greeley a été soutenu par le parti *Républicain libéral* comme candidat à la présidence de la Confédération américaine en 1872, et a, comme tel, fait manquer dans plusieurs États la réélection du général Grant. Ainsi, pendant que Charles Fourier, obscurément enterré à Montmartre, était oublié à Paris, son esprit demeurait vivant et en progrès de diffusion dans le sein de la société la plus avancée du nouveau monde.

GEORGE SAND

M. Thomas Couture a, il y a une vingtaine d'années, tracé au crayon noir le portrait de GEORGE SAND aussi largement que celui de BÉRANGER, dont nous avons déjà parlé. Quel contraste entre l'un et l'autre! La douce bonhomie empreinte sur les traits du chansonnier fait ici place à tout l'orgueil, à toute la raideur compatibles avec une nature féminine qui a pris la consistance de l'autre sexe en en suivant la vocation (1). Nous mettrions en doute la bonne foi ou la perspicacité du physionomiste qui ne reconnaîtrait pas, dans cette figure de

(1) Le portrait ci-dessus ne rend qu'imparfaitement l'expression dont nous parlons ici et qui est très sensible dans le fusain de Couture

Pythonisse ou de Sibylle, l'expression dédaigneuse de la matrone sûre d'elle-même ou de l'institutrice sur le retour. Ce maintien sévère et compassé apparaît comme pour démentir la renommée d'une jeunesse fougueuse. Il n'était pourtant pas nécessaire de prendre une attitude aussi théâtrale, un air aussi solennel pour convaincre le monde que le besoin congénial d'indépendance et de libre expansion a été le principe de ces aspirations humanitaires, émancipation hardie dont la littérature a tant profité. Le volume des yeux détournés, mais animés d'un feu dévorant, la plénitude du front, qui n'est pas vaste, rendent témoignage des dons précieux de l'écrivain, en lui assignant toutefois plus de talent que de génie. Dans cette tête païenne plutôt que chrétienne, où dominent le culte de la fantaisie et de la forme, la Raison y parlant moins haut que les instincts de l'artiste, les sophismes s'engendrent, se pressent et s'enivrent d'eux-mêmes. Nous savons que ces remarques choqueront les admirateurs déclarés de l'auteur de *Lélia*, qui leur semble s'être élevée, quand elle l'a voulu, jusqu'au septième ciel de l'Idéal. Mais nous contestons à ces personnes elles-mêmes le sens complet de l'Idéal, inséparable de la poésie, et un haut esprit de synthèse et d'abstraction, facultés relativement peu développées dans Mme SAND, et dont il faut chercher ailleurs les modèles. M. VICTOR HUGO peut à bon droit être considéré comme le plus éminent de tous. On n'a qu'à comparer la description du jardin abandonné de la rue Plumet, dans les *Misérables*, avec le mieux réussi des paysages de la châtelaine de Nohant. Ce simple rapprochement équivaudra à une démonstration de ce que nous avançons ici et à un cours abrégé d'esthétique.

Cette analyse d'après le fusain de COUTURE était écrite quand nous avons vu une photographie récente et de grandeur naturelle du célèbre romancier féminin, effigie fort dissemblable de la précédente. Au lieu d'une matrone austère et recueillie, elle représente plutôt une Thalie familière, en costume de ville et qui rit à tout venant. Cette expression *bon enfant* jure d'une incroyable manière avec l'autre; elle va jusqu'à effacer presque l'analogie des contours et des traits. Un tel contraste autorise à penser que le modèle possède, comme le caméléon, la faculté de se montrer sous divers jours et de se rendre même méconnaissable. Ce pouvoir de travestissement, dû à l'organe de l'*imitation* et à l'impersonnalité du caractère, explique à la fois la vocation de GEORGE SAND pour le théâtre et la fécondité extrême qu'elle a déployée dans la production de son œuvre, où serpente et s'agite tout un monde, tantôt charmant, plus souvent artificiel, illusoire et emphatique. Mme SAND est une puissante magicienne qui a abusé de son talisman, et qui en sera punie par l'oubli où tomberont, où sont déjà tombés bon nombre de ses livres. Capable de ne faire que des chefs-d'œuvre, elle a préféré la quantité à la qualité. C'est vraiment dommage ; car il n'est plus temps de l'avertir de prendre garde à la monotonie et d'éviter de se répéter. Quant à l'appréciation de la portée de ses romans les plus passionnés, il faut renvoyer le lecteur au jugement qu'a prononcé CHATEAUBRIAND dans ses *Mémoires d'Outre-tombe*. Il répugne au phrénologiste de soulever trop indiscrètement la chevelure d'une femme pour dévoiler ou seulement connaître les faiblesses de son organisation.

Mme DESBORDES-VALMORE

Comme on aime à se reposer de l'agitation par des impressions de calme et de douceur, comme l'ombrage du vallon, comme le ruisseau murmurant des prairies attirent et séduisent la vue, charment l'oreille, reposent les sens après qu'on a souffert des tempêtes de la vie ou bravé celles de la mer, ainsi se plaît-on à opposer une exquise nature féminine, celle de Mme Marceline DESBORDES-VALMORE, par exemple, à la sève exubérante, aux violentes audaces d'une amazone de la trempe de GEORGE SAND. Nous ne pouvons mieux faire, pour louer dignement le caractère et le talent de l'aimable, du grand poëte de *Pleurs et pauvres fleurs* et de tant de ravissantes élégies, que d'emprunter le langage de son panégyriste SAINTE-BEUVE, qui en a dit dans le livre qu'il a consacré à sa mémoire et où il l'appelle la *Mater dolorosa* de la poésie :

« Elle unissait une délicatesse morale exquise à un don de chanter pénétrant, ou plutôt chez elle cette sensibilité et ce don ne faisaient qu'un. Sa vie est sans doute exprimée dans ses vers ; elle s'y reflète en éclairs lumineux et brûlants, elle y éclate en cris d'amour et de douleur...

« Le propre de la douleur en Mme Valmore, et ce qui la différencie des autres, c'est qu'elle lui laissait la pleine liberté d'esprit et le mouvement spontané de cœur vers toutes les douleurs environnantes ; c'est qu'elle n'était jamais assez remplie de sa douleur à elle pour ne pas rester ouverte à celle d'autrui (1). »

VICTOR HUGO lui écrivait :

« Vous êtes la femme même, vous êtes la poésie même. Vous êtes un talent « charmant, le talent de femme le plus pénétrant que je connaisse (2). »

Et LAMARTINE :

« Je rougis en lisant vos vers des éloges que vous donnez aux miens! Une de « vos strophes vaut toutes les miennes. Je les sais par cœur. (3). »

ALFRED DE VIGNY trouvait qu'elle était « le plus grand » esprit féminin de notre temps » et BRIZEUX la nommait : « belle âme au timbre d'or. » RASPAIL lui donnait un titre dont elle se défendait fort, bien qu'elle le méritât, celui de « dixième muse, la muse de la vertu. » L'ardent MICHELET, qui lui avait écrit un jour : « Le sublime est votre nature, » convenait après qu'elle était morte (en 1859), s'adressant à M. H[te] Valmore, son fils, que seule elle avait exercé sur lui *une puissance d'orage.*

Ces divers témoignages rendus à un auteur dont les œuvres poétiques n'excèdent pas deux volumes, mais contiennent la quintessence de ce que l'âme a jamais ressenti et exprimé de plus adorable, équivaudraient à un brevet d'immortalité délivré à celle qui fut par excellence le poëte du cœur.

Mais ce que ne disent pas ces éloges, c'est la grâce infinie, la naïveté, la finesse, la suavité des conceptions de cette inspirée qui a su être l'écho vibrant de toutes les peines, en même temps qu'elle trouvait l'accent juste pour consoler, pour toucher les affligés, et pour instruire l'enfance par des récits ou des affabulations remplis de tendresse et de charme. Qui n'a retenu quelque passage de ces chefs-d'œuvre ingénus : *Les deux Mères*, l'*Attente*, *le Hameau*, l'*Exilé*, *le Pardon*, *le Petit rieur*, l'*Ecolier*, etc., etc., ? Le sentiment maternel et celui de l'amour n'ont jamais eu d'interprète plus ému, plus sincère, plus éloquent sans recherche, plus puissant sans efforts que l'auteur des deux pièces qui commencent ainsi :

« *Oui, nous allons encore essayer un voyage.* »

Et,

« *Quand le fil de mes jours (hélas! il tient à peine)!* »

(1, 2 et 3) *Madame Desbordes-Valmore, sa vie et sa correspondance par C. A. Sainte-Beuve, de l'Académie française. Paris.* 1870.

Pour nous, nous avouons franchement que nous donnerions tous les romans de la langue française (moins *Atala* et *Paul et Virginie* cependant) pour les seules œuvres de Madame DESBORDES-VALMORE. Et quelle est notre indifférence à la poésie des larmes en France, quand on est forcé de constater qu'un grand nombre des délicieuses compositions de cette femme d'un génie si modeste est resté dans son portefeuille jusqu'après sa mort et n'a encore été imprimé qu'à *Genève !* — En revanche on s'intéresse plus que de raison chez nous à la *Dame aux Camélias*, à la *femme de Claude* et à la *Femme de feu !* Pauvre public !

Bien que les apologues soient une forme littéraire très étrangère à notre sujet, nous croyons qu'on ne nous en voudra pas de citer ici une des nombreuses poësies de Mme DESBORDES-VALMORE qui n'ont pas trouvé d'éditeur dans notre pays. C'est instructif.

La pièce est intitulée :

LE FANEUR ET L'ENFANT.

Le Faneur.

Eh ! pourquoi pleures-tu ? Ta colombe était vieille...

L'Enfant.

Vieille !

Le Faneur.

Elle allait perdant les ailes et les yeux;
Elle ne trouvait plus son chemin vers les cieux,
Ni le froment de sa corbeille.
Il fallait la porter dans l'arbre au grand soleil,
Lui puiser l'eau du jour, la nourrir graine à graine;
Elle avait toujours froid et se traînait à peine
De l'hiver à l'été vermeil.

L'Enfant.

Ma colombe !...

Le Faneur.

Ah ! ma foi, ta colombe est guérie.
Elle nous rendait sourds à force de gémir.

Elle avait fait son temps. Toi, tu pourras dormir
Ou gambader dans la prairie.
Va courir, va ! Sèche tes pleurs !

L'Enfant.

Hier elle essayait de me tendre les ailes.

Le Faneur.

Hier n'est plus. L'air bleu fourmille d'étincelles,
Et les buissons sentent les fleurs.

L'Enfant.

Le monde est tout changé !

Le Faneur.

Le monde va de même ;
Pourquoi ne prends-tu pas ce qu'il met devant toi ?
Pourquoi lui demander ce qu'il n'a plus ? Pourquoi
Pleurer un vieil oiseau ?

L'Enfant.

Je l'aime.

Le Faneur.

Viens en chercher un autre : il en pleut dans les blés.
On marche sur des nids, puis on en trouve encore.
Dieu le veut : des oiseaux sont toujours près d'éclore
Quand les oiseaux sont envolés.
Viens voir dans les sillons !...

L'Enfant.

Non, j'attends ma colombe.
Ma colombe viendra tous les soirs, tous les jours.
Elle était ma colombe, et je la veux toujours !
Vois-tu ce tas de fleurs ? C'est sa petite tombe ;
J'y reste.

Le Faneur.

Pourquoi faire ?

L'Enfant.

Oh! pour la voir venir!
Faneur, ne sais-tu pas que rien ne doit mourir

Le Faneur.

Ce serait beau, mais quoi!...

L'Enfant.

Sois en sûr! c'est mon père
Qui me dit de le croire et qui veut que j'espère.

Le Faneur.

J'en vois voler vers nous...

L'Enfant.

Adieu, faneur, adieu.

Le Faneur.

Tu ne veux pas les prendre?..

L'Enfant, s'en allant.

O ma colombe! O Dieu!

Nous devons à l'obligeance de M. Hippolyte Valmore d'avoir pu reproduire un portrait de sa mère d'après celui qu'avait fait d'elle son oncle Desbordes, peintre de talent, alors qu'elle était encore jeune. Comme la plupart des personnes très impressionnables, elle avait des traits plus expressifs que fins; en revanche son regard était des plus touchants et sa physionomie porte bien le caractère de son honnête et tendre nature. Le portrait original la représentait tenant une lyre; mais c'est elle-même qui fut la lyre vivante et incomparable. Elle avait, dès son enfance, été très éprouvée dans ses affections, ce qui exalta

14

encore sa sensibilité et développa sa veine poétique. « L'âme qui aime et qui souffre est à l'état sublime, » a dit Victor HUGO.

La pose et l'abondante chevelure du modèle dans le portrait page 205 cachent une partie des organes cérébraux. Toutefois, d'après ce qu'on voit et la forme de la tête, il est permis d'affirmer que Marceline DESBORDES possédait à un haut degré la faculté orale, l'invention poétique, le don d'émouvoir rien qu'en parlant et en racontant, le besoin de traduire ses impressions aussitôt reçues, une facilité de composition remarquable, une grande simplicité de manières, une nature pleine de dévouement, d'enthousiasme, de confiance et d'abandon, une puissance de sympathie dont devaient se ressentir tous les êtres qui l'approchaient : en un mot, c'était dans toutes les fibres de son être une muse et une femme en même temps.

Le miel de la douceur et le lait de la bonté devant s'écouler des œuvres de Mme DESBORDES-VALMORE comme d'un sein maternel pour bien des générations, nous nous sommes arrêté avec complaisance sur cette aimable figure. Pour nous, phrénologiste, la tête et le cœur se complètent l'un par l'autre, et cette corrélation intime forme les intelligences dont le rayonnement est le plus nécessaire et le plus utile ici-bas.

RACHEL

La grande tragédienne RACHEL, que la mort a enlevée trop tôt à notre première scène et à de nombreux admirateurs, avait eu la gloire de rendre tout leur lustre aux héroïnes du théâtre classique et de rappeler la foule à un genre de pièces dont la représentation ne souffre pas la médiocrité. Nous avons été à même d'observer souvent la forme de sa tête, qui avec des traits plutôt félins que juifs, malgré son origine, révélait un être tout de sensation et d'entrainement, très-curieux et non moins intelligent des choses de l'art et de l'esprit.

RACHEL était d'une constitution rachitique. Son cerveau, énorme pour son frêle corps, eût, sous le rapport du volume et de l'activité, suffi comme organe cérébral à trois filles moins débiles qu'elle; il la tenait sous la dépendance absolue d'un appareil nerveux aussi excitable que puissant. Ce fut le principe de sa force et de sa faiblesse. Chlorotique et malingre dans sa jeunesse, il lui fallut, après ses débuts de pauvre chanteuse en plein vent, une température de serre chaude pour parvenir à prendre, ainsi qu'un cactus, sa filandreuse expansion. Une particularité commune à ces sortes d'êtres et de plantes, est d'avoir des ressources latentes de vitalité et d'assimilation vraiment prodigieuses. Ils périraient à l'ombre, mais ils ne cessent de grandir au soleil. Les applaudissements du public firent sur le talent précoce de RACHEL l'effet des rayons bienfaisants de l'astre dú jour. Le succès était son air atmosphérique, à elle. Sa face était longue et pâle, illuminée par le regard vif et profond de deux yeux noirs fascinateurs. Son front très-élevé, et bombé dans ses parties supérieure et latérale par le relief des facultés de l'*imitation*, de l'*idéalité*, de l'*espérance* et du *merveilleux*, prêtait à son crâne, vu de profil, l'apparence de porter un bourrelet. Chez elle, la *bienveillance* n'était pas moins accusée que la *convoitise*, ce qui créait un double penchant à donner et à recevoir, et tempérait l'amour de la propriété, des bijoux, des parures, par le besoin d'associer ses parents, ses amis, ses favoris aux jouissances de son luxe et de son bien-être. Sa *vénération* lui conférant l'intuition des idées sublimes, complétait une vocation exceptionnelle pour l'interprétation de la poésie et de l'action dramatique d'un haut titre. RACHEL semblait être venue au monde pour ressusciter *Hermione*, *Pauline*, *Lucrèce*, etc., ou plutôt pour les personnifier. Elle a été l'âme de ces rôles presqu'autant que les poëtes dont elle déclamait les vers.

On s'apercevra que le nombre des portraits de femme n'est pas, dans notre livre, en proportion de celui des portraits d'hommes, ni de l'importance du rôle que le beau sexe joue dans la vie et même dans l'histoire. Nous ne voudrions pas qu'on nous accusât de méconnaître le mérite des femmes, mais nous avouons que, comme pour les personnages du siècle de Louis XIV, leur coiffure, à presque toutes les époques, dissimule tellement la forme ou les contours de leur tête qu'il est fort difficile de les apprécier phrénologiquement. Cette difficulté se produit non-seulement pour les souveraines à diadème et à panache, pour la reine Marie-Antoinette, par exemple, mais encore chez la républicaine Mme Rolland, qu'on voit représentée avec des cheveux qui lui cachent tout le haut du front, chez Mme de Staël, coiffée d'un turban où disparaissent les pariétaux et le sinciput, enfin pour des contemporaines qui étalent ou étagent et échafaudent leur chevelure (oserais-je dire leurs chignons?) plus volontiers qu'elles n'eussent adopté la mode disgracieuse à laquelle Titus a donné son nom, et qui n'était qu'une autre manière de défigurer la tête par des boucles de frisure multipliées. A l'égard des grands hommes à perruque monumentale, la physionomie et les œuvres suppléent à ce qui est masqué. Il en est autrement pour les dames, dont la figure n'est souvent elle-même qu'un joli masque, et dont les œuvres restent inédites pour la plupart.

GUIZOT

Nous avons à un haut degré le respect de la vieillesse, et nous nous inclinerions modestement devant la personne vénérable de M. GUIZOT, dépouillé depuis longtemps du pouvoir. Mais son grand âge et son honorable caractère ne peuvent nous faire oublier qu'il a jadis laissé chavirer l'État dont il tenait le timon avec autant d'insuffisance que de présomption et de raideur.

Le portrait de M. GUIZOT, fait par plusieurs artistes, a rarement manqué de ressemblance, soit que les traits du modèle, pleins de fermeté, ne laissent rien d'indécis à l'œil, soit que le modèle lui-même pose parfaitement. Le *juste milieu* et la *doctrine* se sont accordés longtemps à voir en ce rhéteur émérite un grand homme d'Etat, et lui, plus pardonnable qu'eux, partageait cette illusion dangereuse. Or, le front et la physionomie de M. GUIZOT, à défaut de sa politique, eussent mis quiconque aurait su y lire en garde contre l'abîme de sa métaphysique et les écoles de son expérience. Ce front est vaste, élevé, mais c'est celui d'un professeur de théologie, d'un ministre protestant, non d'un ministre constitutionnel (1). Les facultés d'aperception intérieure y éteignent presque la lumière plus sûre et plus modeste de l'observation pratique. Il est, avec une pareille organisation, également impossible d'être médiocre et transcendant, d'échapper à l'erreur et au dogmatisme. On devine, dans la perpendicularité des lignes, dans le plissement de la bouche, dans la contraction générale du visage, dans la sombre lueur du regard, une nature de commande qui a revêtu l'apparence de la puissance, mais qui n'en a que la volonté. Armand Marrast, dans *le National*, a jadis qualifié justement M. GUIZOT de *roseau peint en fer*; c'était un roseau qui pour tenir bon, a eu la résistance du chêne, sans en avoir la solidité. Une sorte de crispation nerveuse trahit dans cette figure l'expression du parti pris, d'une inaltérabilité de vues due plutôt à l'orgueil qu'à la raison, mais sincère dans sa persistance. On n'a pas assez remarqué combien l'ampleur théâtrale de la parole de ce brillant orateur empruntait de retentissement aux cavités de sa profonde conviction, et combien celle-ci se payait de mots, d'idées creuses, et était vide. En suivant de confiance un tel guide, irrésistible dans l'exhortation, mais ne connaissant pas bien la route, une majorité sans portée et une royauté sans aveu, couraient au précipice sur les pas d'un aveugle présomptueux. Ce spectacle n'est pas rare dans l'histoire, et ce serait à des historiens moins qu'à d'autres à le répéter.

---

(1) Voir le portrait du comte de Cavour, page 46.

THIERS

M. THIERS, qui est l'antithèse vivante de M. GUIZOT, a aussi une tête toute différente. Il y a autant de l'homme d'affaires dans l'un que du prêtre et du docteur dans l'autre. Les qualités distinctives de M. THIERS sont l'activité, la facilité, la souplesse, la vivacité de perception, l'aptitude pratique et non théorique, l'adresse à manier aussi bien les hommes et les situations que la parole, à tourner les difficultés au besoin, à rapprocher, à concilier, je dirai même à plaire sans toujours accorder ni décider grand'chose au fond. Rien de dur, d'austère, ni de revêche; au contraire, une personnalité qui ne s'affirme qu'en ayant presque l'air de s'effacer; en somme, une fine, aimable, spirituelle et excellente nature au service des talents les plus distingués. De la grandeur, du sublime, point; mais une sagacité constante, et, comme les terribles événements qui l'ont amené à la tête du gouvernement de la République française l'ont prouvé, un patriotisme à toute épreuve. M. THIERS est un exemple frappant de la puissante vitalité des petits hommes : leur cerveau est proportionnellement plus développé et leurs nerfs plus vibrants que ceux des individus de grande taille.

N'oublions pas qu'il y a de l'artiste dans M. THIERS, qui n'est pas seulement un politique de première force, un historien remarquable, un orateur éminent, mais encore un archéologue plein d'érudition et de goût, un collectionneur passionné de toute sorte de belles choses, et enfin (chez lui la nature l'a voulu ainsi), un stratégiste de cabinet qui en remontrerait à plus d'un général sur le champ de bataille.

Dans la série de portraits des célébrités littéraires et politiques publiée, vers 1860, par Mme la comtesse Dash, la figure de M. THIERS a été ainsi esquissée :

Cette figure, cette petite taille sont connues de tous. Les portraits et les caricatures, les caricatures surtout, ne lui ont pas manqué. Au premier abord, on est frappé par ce regard pétillant, ce plissement significatif de la paupière, ce teint pâle et mat qui rend plus brillant encore le noir ardent de la prunelle. On devine une intelligence hors ligne. Un second examen donne à ces traits irréguliers, à cette bouche moqueuse un grand charme de bonté ; une excessive bienveillance rayonne sur cette physionomie. Les bonnes femmes diraient que M. Thiers a le cœur sur le visage. Son front, parfaitement modelé, explique ce qu'il y a de complet dans son talent. Les facultés de la comparaison y sont jointes aux facultés de la mémoire, c'est-à-dire les facultés qui produisent aux facultés qui reçoivent. Autant le corps est petit et mièvre, autant le cerveau est développé : toute la vitalité de l'individu est là.

Nous n'entreprendrons pas ici d'étudier diverses figures parlementaires plus ou moins attenantes à celles de MM. GUIZOT et THIERS, et autour desquelles il s'est fait beaucoup de bruit sous le second Empire. Il est des hommes dont la renommée dure peu, ne survit pas aux circonstances qui les élèvent et les abaissent, et sera assez indifférente à l'avenir.

Nous n'avons voulu admettre dans cette galerie de choix que des gloires incontestables, des célébrités d'un haut titre destinées à parvenir à la postérité. Nous ne sommes pas complice de l'aberration trop commune qui consiste à voir des génies méconnus partout, et nous avons cru reconnaître un bon nombre de gros sous frottés d'or ou d'argent parmi les médailles contemporaines.

BALZAC

Une des intelligences les plus vigoureuses de ce siècle a été celle de BALZAC. La plénitude de ses facultés d'observation, de mémoire et de jugement l'a obligé à de longues études et à de pénibles efforts pour dégager son talent d'écrivain de son exubérante richesse organique. Ce fut une sorte d'Hercule intellectuel, unissant au plus grand développement possible des forces individuelles le surcroît de puissance qu'y ajoute la civilisation. En se pénétrant de son époque, en se l'assimilant dans son for intérieur comme un verre grossissant concentre et absorbe la lumière, BALZAC a fini par en être le miroir le plus fidèle. Le peintre se confond en lui avec le tableau. Sa tête, large et carrée, est bien le récipient où, ainsi qu'en une fournaise énorme, bouillonne l'œuvre compliquée de l'alchimie moderne, mélange d'idées et de passions qu'il s'agit de transmuer en or. Le front fait saillie vers le milieu, siége des organes superposés dont l'ensemble constitue la qualité principale de son génie : aptitude extraordinaire à discerner, à se rappeler et à analyser. Le pouvoir de l'induction, de la synthèse, ce complément de l'esprit philosophique qui permet de tirer des conséquences exactes des phénomènes observés, n'est assurément pas, dans BALZAC, à la hauteur des autres qualités de l'intelligence. Il voit et perçoit supérieurement, mais il conclut mal. En outre, d'un réalisme désespérant, et n'imaginant rien par lui-même, il ne saurait planer au-dessus des régions qu'il veut explorer ; obligé d'y descendre, il est ainsi plus exact, mais demeure imprégné de leur atmosphère, inconvénient dont il ne se doute pas, et qu'il transporte partout avec lui. Ses théories sont lourdes, étroites, bornées ou sophistiques, sans élévation ni générosité, empreintes, en un mot, d'un épais matérialisme. Nous disons ceci malgré *Seraphita*, malgré les ouvrages où l'auteur s'était donné pour tâche de peindre des êtres purs ou religieux, des natures ou des scènes idéales. Dans la littérature, comme dans les arts, il convient de distinguer l'expression de commande et occasionnelle de la tendance intime et dominante. Le développement des parties temporale et pariétale de la tête de BALZAC décèle, en effet, chez lui, des instincts de convoitise et de sensualité confirmés par l'épaisseur de la face et de l'encolure, par la petitesse des yeux rutilants, par la forme du nez, qui tient d'une trompe, dont le bout flaire, se relève et s'épanouit. Il y avait dans l'homme physique tout à la fois de l'éléphant et du sanglier. Tous les signes phrénologiques et physionomiques s'accordent ici pour marquer l'être intellectuel du triple sceau d'une grande force de pénétration et de travail, d'une vivacité d'intuition sans égale, et d'une faible valeur morale. N'est-ce pas aussi le témoignage que rendent la plupart de ses écrits ? Contraste bizarre ! Cet esprit si perspicace dans l'étude des situations et des caractères, était d'une rare inclairvoyance en politique. Il croyait l'avenir de la société attaché à des institutions qui tombaient en ruines. La révolution de 1848 lui causa un effarement dont il ne revint pas.

ALEXANDRE DUMAS Père

Voici une tête qui paraîtrait, à juste titre, étrangère parmi tous ces portraits, et qui n'a pu devoir qu'à l'éducation et à un naturel exceptionnel la propriété de leur ressembler moralement, ressemblance démentie au premier abord par l'indélébile cachet qu'elle porte. Nous voulons parler d'ALEXANDRE DUMAS père, représenté ici encore jeune, et en qui l'aspect des traits de la race noire, à laquelle sa grand'mère appartenait, enveloppait une des plus heureuses organisations d'écrivain et de poëte dramatique. On peut dire qu'en lui, par un bonheur particulier, le tempérament de l'homme de couleur a servi d'auxiliaire au talent : il a trouvé sa force et sa faiblesse dans l'essence de sang africain hérité par la naissance. Les perceptions d'un tel être sont vives, instantanées, se succèdent avec une merveilleuse facilité, parcourent sans fatigue la gamme des passions et des idées ; mais aussi elles ne s'appesantissent jamais et ne touchent qu'à la surface du sentiment comme du raisonnement. Les profondeurs, les ténébreux replis de l'âme, les sentiers détournés et compliqués de l'objectivité, ne sauraient être familiers à cet alerte voyageur, en quête du pittoresque et d'impressions rapides, lequel, enjambant de sommet en sommet sans pénétrer au sein d'aucune chose, ne voit que superficiellement. Demandez-lui des faits et des effets, non des causes, — de l'amusement, non de l'instruction, bien qu'il ait la prétention de la rendre universellement accessible, et même à cause de cela. La curiosité, la gaieté, l'insouciance, la forfanterie, l'intarissable babil, le don d'imitation propres aux descendants de Cham, se survivaient dans son arrière-petit-fils, le marquis DAVY DE LA PAILLETERIE, sous une forme perfectionnée. La projection de la partie inférieure du visage et l'expression charnelle de la bouche, l'aplatissement du front, où se massent d'ailleurs en un seul groupe compact toutes les facultés d'une intelligence plus active qu'étendue, les cheveux crépus et plantés bas, tous ces indices signalent à la fois l'origine et le naturel de l'homme. Les facultés d'observation, de mémoire et d'interprétation sont énormes comme la personnalité ; le jugement est faible, l'idéal terre à terre et peu soutenu. Les conceptions ont besoin de s'appuyer sur des objets sensibles et ne s'élèvent jamais à l'abstraction. Avec une organisation pareille et beaucoup de travail, on devient sans doute un grand dramaturge, un romancier fécond et distingué, un poëte aimable ; mais comme on brille plus par la mise en scène que par le fond, comme on a moins d'originalité que d'arrangement, moins de portée que d'abondance, on ne peut être un des premiers qu'au second rang.

On ne peut mieux peindre et analyser ALEXANDRE DUMAS père que ne l'a fait M. PHILARÈTE CHASLES, le regretté professeur du Collége de France, dans ses mémoires inédits, dont un journal a publié par anticipation l'extrait suivant :

Fils du dix-neuvième siècle, méridional jusqu'à la moelle, enfant naïf, géant sensuel, presque Africain, Dumas vivait sans idéal et n'en mettait aucun dans ses livres ; au plutôt il en avait un seul, le mouvement. C'est bien assez ; car le mouvement est identique à la chaleur, et celui-ci est la vie physique. Ce talent extraordinaire, génie nègre, puissant, abondant, mobile, n'avait pas besoin de créer une œuvre. Il échauffait tout ce qu'il rencontrait. Un protestant réfugié à Rotterdam avait imprimé vers 1700, dans cette ville, trois mauvais petits volumes glacés, d'une invention assez heureuse, diffus et vulgaires de style. Dumas en a fait la divertissante histoire des *Trois Mousquetaires*. Vous lui apportiez un récit quelconque, un sujet bien ou mal traité, l'étonnant artiste jetait la pâte dans son four, d'où en peu de minutes, elle ressortait cuite et très savoureuse.

. . . .

Il était spirituel, poëte, manufacturier, ingénieur tout à la fois. Qui l'a vu vivant, et il y a peu de temps que nous l'avons perdu, s'explique la création et le développement d'un phénomène si étrange. Sa taille était haute, la structure vigoureuse, l'œil à fleur de tête et jovial, la bouche railleuse et forte, la lèvre épaisse et le front plutôt arrondi comme chez les femmes que très élevé comme chez Platon et Leibnitz. La chevelure crépue et robuste. Non seulement l'Asiatique, mais l'Africain éclatait en lui. Un seul nom peut être rapproché de son nom, — celui de Lope de Vega, l'Espagnol. On ne lit plus rien de ce grand Lope ; mais il y a encore une forte lueur de gloire, une flamme vive et une magie sur sa tombe. Les bibliothèques renferment des milliers d'œuvres qui portent son nom, — je ne veux pas dire son cachet. Ces fécondités infinies et immenses ne peuvent être originales que par leur fécondité même.

L'ardeur du sang africain s'est perpétuée dans M. Dumas fils, qui, bien que fort aimable homme dans le monde, affecte d'être, dans le drame, un Othello en habit noir, et qui voudrait même faire déteindre sa couleur sur notre société de plâtre et de replâtrage. Cet écrivain virulent, après s'être livré à l'étude des mœurs du cabotinage, a écrit pour le théâtre avec un scalpel, et même le scalpel ne lui suffisant plus, il y a substitué le *revolver* et le fusil *perfectionné*. C'est sa manière à lui de comprendre le précepte : *Castigat ridendo mores*. Ses préfaces et ses pièces scabreuses sont, dans un autre genre, la reproduction des coups de pistolet que les violents et jaloux mulâtres se plaisent à tirer à tout propos et hors de propos en roulant de gros yeux. Aujourd'hui on a la bonté d'appeler ces pétarades : *de la littérature*, — sur les boulevards du moins. Ailleurs on n'y voit que du scandale, et l'on s'en détourne révolté. A ce degré d'emportement, la composition dramatique relève moins de l'art que de la *destructivité*. Les pièces et les tirades deviennent éloquentes à peu près comme un dialogue que les interlocuteurs assaisonneraient de coups de poing pour le rendre plus touchant. Si le théâtre moderne ne s'arrête pas dans cette voie, on finira par intercaler dans les comédies des scènes de pugilat, des combats d'animaux et d'amateurs, où les bravos annonceront que le sang coule. Ce serait encore du Bas-Empire (1).

Les bornes du présent ouvrage ne permettent pas d'examiner une question d'anthropologie très importante, à savoir l'influence des races et du degré de civilisation sur l'organisme cérébral. Il faut cependant en dire quelques mots. L'antagonisme de la souche latine et de la souche germanique, — antagonisme qui n'est pas près de s'effacer, — a pour principe non-seulement les différences primitives existant entre des peuples dont les uns sont originaires du Midi et les autres du Nord, mais, encore celles qui résultent de deux âges de civilisation très inégaux. Dans la race latine, héritière d'une tradition sociale plus vieille, d'une éducation religieuse et d'une culture morale qui, malgré des intervalles de ténèbres et de barbarie, plongent leurs racines jusque dans l'antiquité la plus reculée et se sont toujours ressenties de l'impulsion reçue de Rome, de la Grèce et de l'Orient, la race latine, disons-nous, policée avant l'autre, se distingue physiquement par une conformation de cerveau où toutes les facultés tendent à se fondre et à déterminer une sorte d'unitéisme relatif. On ne saurait confondre, généralement parlant, la tête d'un Français, d'un Italien, d'un Espagnol avec celle d'un Allemand, la première affectant un galbe sphérique beaucoup plus harmonieux que la seconde, qui est plus large que haute, plus carrée que ronde. De là, pour nous, moins d'originalité assurément dans les idées, qui sont, pour ainsi dire, toutes jetées dans le même moule; mais aussi plus de facilité de conception, plus de vivacité de perception, de ressources personnelles de toute espèce, un sentiment et un talent artistiques plus développés en tous sens. C'est un phénomène très remarquable

(1) On lit dans les *Lettres d'une honnête femme*, publiées sous un pseudonyme par le journal l'*Evénement* :

« Ces faux problèmes que se posent de faux analystes de la femme, qui croient » bêtement que déshabiller un modèle, c'est le disséquer ; ces écœurantes dis- » sertations sur les droits de meurtre ou de débauche en matière conjugale ; » tout ce fumier littéraire ne fera jamais germer la poésie ; et celle-ci est morte, » comme la patrie elle-même a failli mourir, si nous ne faisons pas, pour ressus- » citer la poésie, ce que nous faisons pour relever la patrie. »

que ces Allemands, en train de fonder le pan-germanisme, s'ils tendent à se fusionner comme nation, sont, pris individuellement, les plus grands chamailleurs de la terre. Quand deux ou trois d'entre eux sont réunis, c'est pour ergoter indéfiniment avant de pouvoir s'entendre. La même confusion semble régner, et doit régner, en effet, dans leurs esprits que dans leur langue. Ce sont de rudes compagnons au travail, au combat ainsi qu'à table, ce sont de vigoureux penseurs et des producteurs pleins de séve et d'ingénuité; mais il leur manque la spontanéité, l'agrément, la clarté, la verve et la grâce qui constituent le charme et la supériorité de notre littérature, de nos arts et de notre sociabilité sur les leurs. Sous ce rapport le germain, comparé au latin, même de la décadence, paraît comme un paysan (un *rural* si l'on veut) à côté d'un citadin spirituel et bien élevé. On met ici hors de cause les illustrations scientifiques et politiques : les sommités de cet ordre se ressemblent partout.

ROSSINI

Il est deux puissantes individualités dans lesquelles s'accusent et se résument admirablement le caractère et le génie des deux races. J'ai nommé ROSSINI et MEYERBEER. Bien qu'adonnés aux mêmes arts et y excellant, ils étaient complétement dissemblables, non pas seulement comme deux rivaux dans la même profession, mais comme êtres intellectuels. Ni leur tempérament ni leurs œuvres ne sont de la même zone. Un monde idéal tout entier sépare ces deux contemporains. ROSSINI, plus improvisateur que chercheur, a composé ses airs mélodieux presque spontanément : il était inspiré par un don naturel, comme l'oiseau qui chante et lance à la brise ses joyeux trilles. Toute sa musique jusqu'à *Guillaume-Tell*, écrit dans un style fort différent de celui de ses autres opéras, porte un cachet d'abondance et parfois d'abandon qui prouve combien il était possédé de sa muse. MEYERBEER, au contraire, laborieux avec la sienne au point qu'on est fondé à croire qu'il était obligé de lui disputer longtemps ses faveurs, a dû ses plus grands succès au travail, à la patience, à l'opiniâtreté et à la combinaison. Plus savant en harmonie que fécond en mélodies, il a déployé dans ses partitions ce talent de stratégiste et de tacticien qui est la force de l'esprit allemand, appliqué et studieux autant que l'esprit méridional et français est primesautier. Même contraste entre les deux hommes considérés dans leurs habitudes. ROSSINI, ouvert à toutes les émotions, hospitalier, gai, railleur, bon vivant, illuminé et comme grisé du soleil de sa patrie, en garda toujours la chaleur et le rayonnement. MEYERBEER, quoique très correct de tenue et *gentleman* de manières, était foncièrement un sylvain, mal à l'aise dans les salons et toujours préoccupé de rentrer dans sa forêt ; circonspect, réservé à l'excès, adonné à la solitude et à l'étude, dont il avait d'ailleurs besoin pour préparer ses effets. Il avait encore cela de commun avec les guerriers de son pays qu'ami de l'ombre, il n'affrontait l'assaut qu'après avoir bien tâté le terrain, s'être assuré de tous les avantages, avoir multiplié les moyens de surprise, et, en remportant la victoire, il tremblait encore un peu.

MEYERBEER

Observez les bustes de ROSSINI et de MEYERBEER exposés chez les marchands de musique. La tête du premier, même dénuée de l'expression de ses yeux rutilans et pleins de malice, décèle l'impressionnabilité, la causticité, la finesse, la bienveillance, alliées à une intelligence et à des facultés hors ligne. Elle est sans angles et s'élève vers le sinciput. C'est une tête essentiellement latine. Celle du second, génie moins simple et moins lucide, est carrée, renflée aux coins du front, plus aplatie sur le milieu, avec les côtés saillants. La physionomie, spirituelle aussi, mais moins en dehors, trahit de la contension, nulle hardiesse, de la défiance, de la susceptibilité. La bonté errante sur ses lèvres ne devait se détendre que dans la famille et dans la plus étroite intimité.

Nous ne clorons pas cette série de portraits sans tracer à grands traits, par voie de contraste, ceux de deux personnages très différents des célébrités dont il vient d'être question, celles-ci ayant, pour la plupart, acquis leur renommé par des œuvres glorieuses ou bienfaisantes, par le charme ou le mérite de leurs écrits, tandis que les deux hommes que nous allons peindre ont fait beaucoup de mal. Ces deux contemporains, de figure presque également antipathique, sont l'ex-empereur NAPOLÉON III et le Prince de BISMARK.

Avant de nous expliquer en toute liberté sur le compte de l'ex-empereur, que sa mort a mis seulement à l'abri des suites des nouveaux attentats qu'il méditait à Chiselhurst, nous devons déclarer que les Chefs d'Etat parjures, les usurpateurs et les despotes, les intrigants politiques de haute et basse volée, nous paraissent aussi justiciables du fouet de Némésis, enterrés ou non, que de la vindicte publique et des censures de l'histoire. Les sacrifices de toute sorte que le second empire nous a imposés, et ceux qu'il a coûtés à la conscience publique, ont été assez lourds pour qu'il soit permis de dire enfin la vérité sur l'auteur de cet impudent mensonge officiel et de cette ruineuse exploitation de vingt ans, pendant lesquels la vieille loyauté de la France a failli s'altérer, son jugement s'est faussé, et son cerveau ramolli à l'exemple de celui de son souverain.

NAPOLÉON III

Le visage du personnage que la France, au lendemain d'une révolution avortée par sa faute, avait si follement acclamé son *sauveur*, — ce qui prouve combien elle est mauvaise physionomiste, — offrait, à son avénement au pouvoir, une mine équivoque et sinistre, comme on n'en voit pas dans la bonne compagnie. Les traits mornes, fortement accusés, le teint mat, d'une pâleur verdâtre, l'air éteint, la démarche contrainte, donnaient à l'individu une expression suspecte. Le cachet de l'intrigue et de l'indignité était si profondément empreint sur lui que le manteau impérial et la couronne, loin d'en effacer le stigmate, le firent d'abord plus ressortir. Le nez, énorme, monstrueusement aquilin, épais et renflé au-dessus des narines, décelait un sensualisme ardent, des convoitises acharnées, un naturel égoïste et peu scrupuleux. On devinait à première vue un homme de *proie* qui devait, à l'occasion, faire litière du crime et du sang : il le prouva au 2 décembre. Le regard terne et vitreux n'avait plus qu'une étincelle, mais elle semblait jeter un défi à la destinée et une insulte à la vertu. Quelque chose d'indéfinissable et de louche, tenant de l'acrobate et du bateleur, se lisait dans cet extérieur presque ignoble, qu'on eût pu prendre, sauf le costume, pour celui d'un escroc, d'un avaleur de sabres ou d'un arracheur de dents. Cet étrange prétendant, avant de rentrer en France, avait reçu de la populace anglaise le surnom familier de *Seedy Swell* (qu'on peut traduire par *Dandy râpé*), alors qu'il était constable volontaire à Londres, traînant des bottes éculées qu'il ne payait pas toujours. Mais sa personnalité exubérante, exaltée dès l'enfance par des satisfactions de vanité précoces, s'était trempée dans le fatalisme et les déceptions même du sort. L'idéal d'un rôle transcendant à jouer, d'un trône à reconquérir, s'était allié, pour la réalisation de son rêve, à une témérité aussi capable de ruse et d'hypocrisie que d'audace, à un esprit dont les visées ambitieuses se voilaient d'apathie et d'impassibilité et n'étaient contrôlées ni par la raison ni par la conscience. Tandis qu'il affectait de prendre pour modèle NAPOLÉON Ier, dont le génie organisateur et militaire, la promptitude de coup d'œil et le haut instinct d'ordre lui manquaient totalement, le goût du faste et des plaisirs, l'insouciante prodigalité en faisaient plutôt un SARDANAPALE, moins le bûcher, qui a été pour la France. En résumé, ce pompeux malfaiteur, qui avait dû sa couronne à un acte de trahison, l'a perdue par ineptie. Il a laissé au pays qui s'était livré à lui la démoralisation, la décadence et l'invasion pour récompenses de son imprudente confiance, — leçon terrible à la mémoire des peuples et aux inspirations du suffrage universel.

Dans la tête de NAPOLÉON III, le sens moral faisait défaut; les organes dominants étaient très visiblement le *merveilleux*, l'*espérance*, l'*imitation*, l'*idéalité*, l'*opiniâtreté*, la *ruse* et l'*amour physique*. Ses facultés *perceptives* et *intellectuelles* n'avaient rien de remarquable. Il le sentait si bien que dans les Conseils, il avait l'habitude de se taire et d'écouter, quitte à persévérer dans ses résolutions, mais impropre à entraîner les convictions avec cette chaleureuse et concise éloquence qui est particulière aux grands hommes.

La médiocrité des talents du Prince Louis, comme on l'appelait avant son élévation, n'eût pas échappé à un phrénologiste. N'est-il pas déplorable qu'au mépris de cette science, des nations qui s'occupent d'améliorer les races de leur bétail, et parmi lesquelles on se pique d'être connaisseur en *bêtes*, méconnaissent ouvertement les conditions organiques de la valeur des *hommes* au point de s'exposer à confier le sort et les richesses de l'Etat à des souverains dont la véritable vocation, dans une autre position sociale, eût été celle d'officier de fortune, d'aventurier taré, peut-être de maquignon, de *viveur* ou de funambule ?

BISMARK

Le Prince Othon de BISMARK-SCHŒNHAUSEN peut être considéré comme l'incarnation vivante de la politique avide, envahissante et machiavélique de la Prusse. Il y a tout à la fois du sophiste et du sabreur dans cet homme de cabinet à physionomie militaire, très-bien placé à la tête d'un pays de reitres et d'aigrefins cherchant à faire par tous les moyens fortune. Le puissant cerveau de ce diplomate à coups de canon ne s'est appliqué pendant vingt-cinq ans qu'à fabriquer et à exercer, au profit de la monarchie prussienne, la théorie de la légitimité des conquêtes à tort et à travers et de la rapine à outrance. Sa tête chauve, volumineuse, une des plus larges qu'on puisse voir, offre un développement extraordinaire des organes de *l'acquisition,* de la *combativité,* de la *destructivité,* de la *ruse,* de la *fermeté,* de la *causalité* et du *langage.* M. de BISMARK est un ergoteur et un casuiste de première force. Avec de telles facultés, l'éducation en moins et la misère en plus, on serait embarrassant pour la justice. Le visage refrogné de ce conseiller supérieur de la piraterie internationale est en parfaite harmonie avec son caractère : le regard est insolent, le sourcil touffu et hirsuté, le menton osseux, la mâchoire formidable. Il y a du calmouk dans le nez, court et coupé droit, dans les larges oreilles, écartées de l'os pariétal. On dirait un chef de ces hordes pillardes de l'Ukraine qui vinrent manger des chandelles chez-nous en 1815. C'est pourtant le grand chancelier de l'Empire d'Allemagne, en même temps colonel des cuirassiers blancs, et encore plus cuirassier que chancelier, puisqu'il tient pour principe que *la force prime le droit*.

Au reste, bien qu'il ressemble à un cosaque, M. DE BISMARK (il faut être équitable et vrai même à l'égard de ses ennemis) ne se contente pas de chandelles en pays conquis, s'il faut en croire l'anecdote suivante, empruntée à une correspondance de Berlin :

Le prince DE BISMARK donnait un dîner parlementaire. Après le repas, la princesse offrit des cigares ; le prince alluma sa grande pipe d'étudiant et, mis en belle humeur par les fumées du champagne et les flatteries de ses hôtes, il se mit à narrer diverses anecdotes de la campagne de France. Il raconta comment, arrivé à Ferrières, chez M. de Rothschild, il trouva un maître d'hôtel fort bourru, qui, à toutes ses demandes, répondait : « Nous n'avons rien à boire, rien à manger, enfin rien. » Le prince, examinant de près son homme, reconnut un enfant de la ville ci-devant libre de Francfort. « Savez-vous, lui dit-il, ce que c'est qu'une botte de paille ? » Le Francfortois prit un air ahuri. « Savez-vous qu'en Allemagne on attache les récalcitrants à une botte de paille, qu'on les suspend haut et court et... le reste va de soi ? » Le maître d'hôtel de M. de Rothschild se hâta de servir au terrible Prussien toutes les provisions du garde-manger, et M. DE BISMARK prend un malin plaisir à raconter cet exploit, l'un des plus signalés qu'il ait accomplis dans la campagne, non compris, bien entendu, l'exploit final des cinq milliards.

Étrange aveuglement de cet Argus tudesque ! Il avait assez mal calculé ce que nous coûterait cette indemnité fabuleuse ; mais a-t-il pensé seulement à ce qu'elle pourra rapporter à son pays plus tard ?

Au moment où les idées de pacification universelle, d'alliances commerciales succédant aux antagonismes guerriers, d'arbitrages remplaçant les luttes, tendaient à se répandre en Europe ; à une époque où se manifeste de toutes parts une remarquable convergence vers l'unité, le défi porté à la Prusse était, de la part d'un pays mal préparé surtout, un énorme contresens. Les résultats de cet anachronisme eussent pu n'être que passagers dans leur fatalité. Ils seront malheureusement durables, grâce aux exactions du vainqueur et aux errements *moyen âge* de M. DE BISMARK et de son école rétrograde.

CONCLUSION

Nous ferons preuve d'une grande sobriété et d'un éclectisme résolu en bornant là, pour le moment, nos études phrénologiques et physiognomoniques à l'usage du public français. Nous risquerions trop, en les poursuivant sur d'autres personnages vivants, de froisser l'opinion ou d'épuiser l'attention. On reconnaîtra sans doute que nous nous sommes tenu fort en deçà du cercle tracé par la renommée à un travail de ce genre; nous n'avons demandé aux archives de la gloire ou de la célébrité que les noms et les traits les plus saillants. Le cadre où l'on enchâsse de pareils portraits serait, nous le répétons, très-facile à étendre; mais, en l'agrandissant, on serait entraîné à y faire entrer des types secondaires. Il arriverait, comme aux expositions annuelles de peinture, que les figures insignifiantes ou vulgaires, oubliant l'intérêt qu'elles ont à se cacher, s'étaleraient à côté des plus dignes d'attirer les regards et de leur plaire. Nous ressentons si vivement un tel inconvénient que nous nous en sommes tenu, sauf deux exceptions, à la plus grande distance possible. C'était, en même temps que suivre notre penchant, témoigner d'un plus profond respect pour les supériorités incontestables.

Il y aurait un vif intérêt à entreprendre de déterminer d'une manière générale et précise les signes extérieurs du génie, du caractère et des talents, d'après la mutuelle relation de la conformation encéphalique et de l'apparence physionomique. Peut-être en s'aidant, dans cette recherche, de la comparaison de types nombreux, réunis dans un musée *ad hoc* dont nous possédons les éléments, parviendrait-on à surprendre quelques-uns des secrets de cette union mystérieuse et probablement harmonique ; mais c'est à quoi peu d'adeptes de Gall et de Spurzheim ont pensé (1). On est curieux de l'image des grands hommes, et rien qu'une stérile admiration ou une satisfaction plus vaine encore ne résulte de cette contemplation banale. Nous estimons qu'elle pourrait être plus féconde en enseignements, et nous voudrions qu'il ne fût pas trop ambitieux d'ajouter que cet ouvrage en est la preuve. Sans doute il sera toujours très-difficile de tracer des règles absolues dans une matière aussi délicate et aussi variable, la révélation du sujet intime étant ordinairement due plutôt à un ensemble d'indices qu'à tel ou tel d'entre eux. Cependant on aurait tort de considérer comme oiseuses ou frivoles les tentatives faites en vue d'assurer à l'homme des moyens de pénétration qui le préservent d'être dupe de l'affectation d'autrui. Outre qu'il s'agit là d'un ordre de connaissances essentielles dans toutes les conditions de la vie, auxquelles une sécurité précieuse et des jouissances exquises sont attachées, il est impossible de n'y pas voir d'abord la satisfaction d'un des premiers besoins de l'entendement. L'enfant, dès l'âge le plus tendre, ne s'applique-t-il pas à distinguer, dans les yeux fixés sur les siens, l'expression de bienveillance propre à émanciper ses instincts, de la sévérité qui les réprime ? La nature, on peut le croire, n'a pas sans de bonnes raisons déposé dans le cerveau humain le germe d'une étude dont le champ est sans limites, les ressources infinies, et au progrès de laquelle concourt l'expérience de chaque jour ; d'une étude qui, se nourrissant d'*observation*, met incessamment en œuvre et per-

(1) S'il existe, en Phrénologie, plusieurs ouvrages d'une grande valeur (nous les avons indiqués plus haut), la *Physiognomonie*, désormais inséparable de la première, n'a guère donné naissance jusqu'à nos jours qu'à d'indigestes traités ou à des élucubrations empreintes de trop d'imagination, voire même de charlatanisme. On doit toutefois citer avec honneur un ouvrage de M. Ottin, intitulé *Précis analytique et raisonné du système de Lavater*. En exposant dans son livre quelques-unes des innombrables erreurs de cet auteur, M. Ottin, a proposé lui-même, en racourci, un autre système de physignomonie éclairée par la Phrénologie. Plus récemment, en 1866, un peintre de talent, mort depuis, M. J.-B. Delestre a publié à la librairie Renouard, sous ce titre : *De la Physiognomonie*, un magnifique volume, illustré par lui-même, qui est et demeurera peut-être longtemps le manuel le plus instructif et le plus complet de cette science encore imparfaite.

fectionne l'instrument le plus utile de l'esprit, comme elle touche, par les enseignements qu'on en retire, aux plus hautes questions de l'art, de la science et de la philosophie.

« Les *Sages,* » disait le spirituel Ch. Nodier, « ne croient « pas à la *physiognomonie*; mais ils se défient d'un champi- « gnon sur son aspect et d'une plante sur sa couleur. » — Nous avons, comme Nodier, mauvaise opinion d'une sagesse qui ne tire pas de conclusions de ses actes habituels, réfléchis ou spontanés.

Le docteur G. L. Bessières, auquel nous avons emprunté deux importants extraits dans la première partie de cet ouvrage (pages 51 et 55), avait mis les lignes suivantes en forme de conclusion à son ***Introduction à l'étude philosophique de la Phrénologie :***

« Le monde attend une synthèse humanitaire générale qui, « comprenant tout l'homme, soit d'accord avec la loi natu- « relle, réunisse les trois grands modes de manifestations « humaines, et relie à sa loi tous les besoins, toutes les sym- « pathies, toutes les connaissances. Religion nouvelle que le « dix-neuvième siècle doit formuler péniblement; monument « d'intelligence, de force et de beauté auquel, selon les paroles « du prophète, chacun apportera sa pierre et personne ne « donnera son nom. »

C'est en nous inspirant de cette observation que nous avons travaillé à vulgariser la Phrénologie.

TABLE

PREMIÈRE PARTIE

DE L'ÉTUDE DES TÊTES AUX POINTS DE VUE PHRÉNOLOGIQUE ET PSYCHOLOGIQUE

DE LA PRATIQUE DE LA PHRÉNOLOGIE

DEUXIÈME PARTIE

PHRÉNOLOGIE APPLIQUÉE A L'ÉTUDE DES PERSONNAGES CÉLÈBBES

PERSONNAGES ANCIENS

PERSONNAGES DU MOYEN AGE ET DES TEMPS MODERNES

512. — 9-73. — Boulogne (Seine). — Imp. JULES BOYER et Cie.
Administration : 11, rue Neuve-Saint-Augustin, à Paris.

www.ingramcontent.com/pod-product-compliance
Ingram Content Group UK Ltd.
Pitfield, Milton Keynes, MK11 3LW, UK
UKHW021924230726
13925UKWH00007B/487

9 782014 044843